Libro

Fronteras de Investigación del ADN:
Preguntas y Respuestas sobre tu ADN

de
Ambrose Goikoetxea, Ph.D.

<u>agoikoetxea1@telefonica.net</u>

15 Febrero 2017

Todos los derechos de autor de este libro son propiedad de *Ambrose Goikoetxea*, y la utilización de sus contenidos, en cualquier forma, requiere la autorización por escrito de este autor; 15 Febrero 2017, <u>agoikoetxea1@telefonica.net</u>

Ambrose Goikoetxea, Ph.D.

Publicado por:
Euskal Herria 21st Century Press
Ave. La Rioja 15, Laguardia 01300, Alava, Pais Vasco, Spain
Tel: 628 70 36 16
www.euskalherriasiglo21.org

Fronteras de Investigación del ADN: Preguntas y Respuestas sobre tu ADN

2017 Copyright © of Ambrose Goikoetxea

ISBN-13:
Deposit Legal: **(In process)**
Printed by CreateSpace, USA (www.createspace.com)

All the rights reserved. This publication cannot be reproduced in part or whole in any form, by whatever mechanical or electronic jeans, included photocopies, recordings, or any other system known or to be invented without the written permission of its authors or editors.

A registry in catalogue of this book is available in the **U.S. Copyright Office**, Library of Congress, 101 Independence Avenue, S.E., Washington, D.C., 20559, Tel: 202 707 3000, USA. For photocopies of this material, please pay the amount indicated in your request to the U.S. Copyright Office.

Tabla de Contenidos

	Páginas:
Dedicatoria...	7
Prólogo...	8
Agradecimientos…...	15

Capítulo 1. *Introducción a tu ADN* **17**
    Introduction ……... 16
        Friedrich Miescher 19
        James Watson, Francis Crick, and
        Rosalind Franklin 20
    Una representación de Ingeniería de Sistemas 20
    Historia de la Investigación del ADN............ 24

Capítulo 2. *La Evolución Humana* **27**
    Sharon y Aitor (un dialogo)......................... 28
    Objetivos de este Capítulo 34
    La escala del tiempo de la Evolución 35
    La evolución de las especies en el Planeta........ 38
    Contribuciones de Leaky a la Paleontología...... 42
    Cuándo y cómo evolucionó el Lenguaje.......... 44
    Diversidad en el Planeta 45
    Síntesis de Pensamiento y Conocimiento 45

Capítulo 3. *Orígenes de la Vida* **47**
    La evolución de la Vida en la Tierra 46
    Orígenes de la Vida en la Tierra................... 48
    Auto-Reproducción 53
    Metabolismo... 53
    Primero las Membranas 54
    Evolución de la reproducción Sexual............. 54
    Organismos Multi-celulares......................... 55
    Aquí vienen los Animales........................... 56
    Primeros Vertebrados................................. 56
    Humanos... 57
    Extinciones Masivas 57
    Síntesis de Pensamiento y Conocimiento 58

Capítulo 4. *Componentes básicos de una Célula*...... 61
    Introducción 62
    Componentes de una Célula 67
    Ciclo de vida de las Células 63
    Una representación de Ingeniería de Sistemas . 66
    Síntesis de Pensamiento y Conocimiento,
    con Preguntas 70

Capítulo 5. *Reproducción de la Vida*............... 73
    Nucleótidos... 74
    Tiras de ADN 76
    Cromosomas 78
    Empaquetamiento de ADN 79
    Reproducción del ADN 77
    Genes 81
    El Proyecto Genoma Humano 83
    Síntesis de Pensamiento y Conocimiento 85

Capítulo 6. *El Proyecto Genoma Humano* 89
    Introducción 90
    El Proyecto Genoma Humano 90
    Una lista de Genes por Cromosoma 92
        Cromosoma 1 92
        Cromosoma 2 95
        Cromosoma 17 98
    Una lista de Proteínas 102
    Síntesis de Pensamiento y Conocimiento,
    con Preguntas..................................... 105

Capítulo 7. *Leyendo las secuencias del ADN* 107
    Introduction 108
    Ciclo de secuencias de Genes 108
    Métodos rápidos y de alto volumen. 111
    Análisis y pruebas Forenses de ADN........... 114
    Index de ADN combinada (CODIS) 118
    Controversy 118
    Síntesis de Pensamiento y Conocimiento,
    con Preguntas..................................... 119

Capítulo 8: *Reparación del ADN, y CRISPR* 121
   Introducción 122
   Causas de Daño del ADN........................... 123
   Mecanismos de reparación del ADN............ 124
   Consecuencias de mala reparación del ADN ... 124
   Reciclaje de componentes de Células 128
   Ingeniería Genética 132
   La tecnología CRISPR, lo básico............ 134
   La tecnología CRISPR/Cas9..................... 136
   Síntesis de Pensamiento y Conocimiento,
   con Preguntas 140

Capítulo 9. *¿Mucha ADN pero poco Conocimiento?* 143
   Introducción 144
   Argumento de "ADN basura" 144
   Funcionalidad de la ADN que no sintetiza..... 147
   Mecanismos en la expresión de Genes.......... 150
   DNA instructions book for Organs.............. 155
   Síntesis de Pensamiento y Conocimiento,
   con Preguntas 158

Capítulo 10. *ADN y la toma de Decisiones* 161
   Introducción... 162
   Multiple Criteria Decision Making (MCDM).. 162
   Instituto UCL de Neurociencia 165
   Genes que influencian Decisiones..... 167
   Rol de los Genes en decisiones con Riesgo 169
   Síntesis de pensamiento y Conocimiento,
   con Preguntas 170

Capítulo 11. *Genes, Personalidad, y Enfermedades* 173
   Introducción 174
   Depresión 175
   Personalidad Bipolar 175
   Aprender y Memoria. 176
   Inteligencia.. 177
   Ansiedad 180
   Crímenes Violentos 181
   Autismo 182
   Alzheimer... 183

Desarrollo Muscular ………………………..	184
Esquizofrenia ……………………………..	184
Lyme (Garrapatas) ………………………..	185
Alergias ………………………………..	186
Tiroides……………………………………..	188
Identificar Genes asociados con Enfermedades	190
Síntesis de Pensamiento y Conocimiento, con Preguntas ……………………………..	195

Capítulo 12. *Fronteras en la investigación del ADN* **199**

Introducción …………………………….	200
MicroRNAs y cáncer del Pulmón ………….	201
¿Es la Edad Reversible? …………………	202
Alzheimer ………………………………..	204
Diabetes Tipo 2 y genes asociados …. ……..	204
Avances en la reparación del ADN…………..	209
El ADN y la Ciencia Forense ………………	211
Hashimoto Tiroiditis ………………………	215
Genética del Cáncer de la Piel……………..	217
Síntesis de Pensamiento y Conocimiento, con Preguntas ……………………………..	219

Capítulo 13. *Cuestiones Éticas y Legales en la Investigación del ADN* ………………… **223**

Introducción …………………………….	224
Pruebas Genéticas en Pediatría …………….	224
El Grupo Ético de la NDNAD ……………	225
Manipulación de Genes y la Ética …………	227
Patentado de Genes y la Ética………………..	235
Ética de la mejoría humana ………………..	240
Transgénicos y cuestiones Éticas …………	246
Síntesis de Pensamiento y Conocimiento, con Preguntas ……………………………..	249

GLOSARIO 1: Una Lista de Preguntas del ADN ….	257
GLOSARIO 2: Términos, Nombres, y Definiciones	261
NOTES …………………………………………	269

Otros Libros de este Autor 283
Una Nota Biográfica de este Autor............................ 285
Índice... 289

Dedicatoria

A *Sofía, Ava, David*, y *Eva*.

A mis hijos **Miguel y Charles**, mi hermana **Esperanza**, mi hermano **Javier (Frank)**, y sus hermosas familias.

A *mujeres y hombres* de todas las edades interesados en saber de dónde venimos, de los procesos evolutivos de la vida, de nuestra vida limitada en el planeta Tierra y en el Universo, y de las razones por las que nos conviene seguir adelante, para disfrutar de la vida y de los descubrimientos científicos en nuestro planeta, ahora, y nunca más.

Prólogo

¿Estamos viendo una nueva era en el campo de la Medicina en general, y en el área de la *Genética* en particular? Soy de la opinión de que todos(as) somos testigos y participantes en esta área tan significante de investigación hoy día, y como lo será en las próximas décadas.

Digo estas palabras como un *Ingeniero de Sistemas y como una persona de Sistemas de Información*, y no como un Médico entrenado en las varias disciplinas de la medicina. Como participante en la comunidad científica, sin embargo, creo que el estudio de nuestra estructura del ADN es extremadamente importante para poder entender nuestro potencial en nuestra planeta Tierra, nuestra necesidad de entender y apreciar aún mejor la diversidad en nuestro planeta, la riqueza y variedad de nuestras culturas y civilizaciones. Con ese objetivo en mente, propongo este libro para aplicar unos principios básicos de la Ingeniería de Sistemas y así organizar y añadir detalle donde se necesita, y para identificar áreas en las que se requiere más investigación. Se dice hoy día que solamente sabemos el 2%-5% de los contenidos y funciones de nuestra estructura de ADN, de la influencia de nuestros genes en el desarrollo de enfermedades y características personales, siendo ello buena razón para continuar trabajando en investigando vigorosamente en el campo del ADN de nuestros cuerpos.

Si, increíblemente, la composición de nuestro ADN está construida con secuencias largas de tan solamente cuatro bases que llamamos nucleótidos. Aun más sorprendente, propongo, es el hecho de que todos los animales, y no solamente los humanos, y todas las plantas en nuestro planeta estamos construidos con secuencias de esos mismos cuatro nucleótidos.

En varios capítulos presento conceptos y diagramas del área de Ingeniería de Sistemas para tratar de organizar y presentar materiales, para ayudar en la lectura y comprensión de contenidos. También, al final de cada capítulo, se incluye una sección titulada

"*Síntesis de Pensamiento y Conocimiento, con Preguntas*" donde presento un repaso y un sumario de los contenidos de cada capítulo, y donde presento una lista de preguntas en áreas que considero requieren más investigación. Hacia el final del libro, he incluido un capitulo con una lista de actividades que espero serán investigadas en un futuro próximo. Finalmente, el ultimo capitulo presenta una colección de **cuestiones legales y éticas** sobre este tipo de investigación científica.

En el proceso de escribir este libro, hago uso extenso de recursos ya publicados en la Internet, en la Red, en libros, y en artículos publicados en revistas científicas. Este es el caso, en particular, cuando repaso los trabajos de unos 60 científicos y pensadores de los últimos 2,000 años. Siendo así, a medida que el lector(a) progresa sobre los contenidos de cada capítulo, él/ella observara las fuentes y referencias con números entre paréntesis, ej., [*]. A continuación el lector(a) puede desplazarse a la sección **NOTAS** hacia el final del libro para identificar la fuente de la información proveída, incluidos el nombre del autor, titulo de artículo, año, y fuente editorial. No existe la necesidad de re-inventar la rueda. Si un análisis y estudio ya existe, identificamos su fuente, y continuamos con síntesis de contenido de cada capítulo.

Varios son los **objetivos de este libro**: (1) repasar y estudiar los descubrimientos acumulados hoy día sobre la estructura del ADN, sus componentes, funciones, y asociaciones, (2) añadir representaciones graficas de la Ingeniería de Sistemas y de Sistemas de Información en un esfuerzo a entender la profundidad de tales descubrimientos, (3) a identificar "agujeros" y áreas donde se requiere más detalle e investigación a través de preguntas al final de cada capítulo, (4) para traer a la atención del lector(a) una lista de nuevas tecnologías en áreas de biología, química, y neurociencias que utilizamos hoy día para identificar y estudias genes, su influencia en enfermedades y características personales, y (5) para proponer una lista de "siguiente generación" de actividades de investigación en el futuro.

En el *Capítulo 1, Introducción*, presento un sumario de tópicos a ser analizados en este libro, una representación gráfica de ingeniería de Sistemas con sus "Inputs" (*entradas*), "estados" (*estado del sistema*), y "outputs" (*salidas*), así como una lista histórica de actividades de investigación del ADN con nombres de científicos(as) acreditados.

¿Cuál es la edad de nuestro planeta Tierra, y cuál es la edad de nuestro Universo? En el *Capítulo 2, La Evolución Humana*, presento materiales recogidos por personas en la comunidad científica sobre los orígenes de nuestro planeta Tierra y de nuestro Universo. Lo que sabemos, y lo que no sabemos todavía. ¿Sabíamos, por ejemplo, que todas las razas de la Tierra provienen de un mismo grupo de unas 200-300 familias que salieron de África hace 50,000 años, y que poco a poco fueron poblando los cinco continentes, para llegar hoy día a una población global de 7,000 Millones? Es en este capítulo donde empezamos a dejar atrás la vieja terminología de la filosofía como "esencia", "real", e "ideal" y empezamos a hablar de procesos evolutivos responsables por nuestro comportamiento y "libre voluntad" de hoy día. Las áreas de *Paleontología y Biología Evolutiva* vienen a rescatarnos del pensamiento filosófico idealista. También nos ofrece información sobre los origines del lenguaje en la especie humana, cortesía del científico y lingüista *Noam Chomsky*. ¿Pero que tiene que ver el lenguaje con filosofía y biología evolutiva? Bueno, leamos ese capítulo para entender esa pregunta.

¿Sabíamos ya que todas las especies de animales y plantas en la Tierra están compuestos de los mismos cuatro nucleótidos en sus secuencias de ADN? Sí, exactamente, ese es el caso increíble, y ese es el conocimiento que marca un punto único en la Tierra para la creación de la vida, en la opinión actual, como observamos en *Capitulo 3, Los Orígenes de la Vida*. La vida no se originó en varios lugares simultáneamente o en tiempos diferentes. Este capítulo presenta el proceso de replicación que produjo organismos de una sola célula en un principio, evolucionando a organismos multa-celulares a través de millones de años, y finalmente, un proceso que llevó a la creación de los primates, como nosotros, la especie de *Homo Sapiens Sapiens.*

Fue en el año 1665 cuando Robert Hooke descubrió por primera vez la célula, la célula humana, seguido por Matthias Jakob Scheleiden y Theodor Schwann en 1839 quienes desarrollaron la teoría celular. Es por ello en **Capitulo 4, los Componentes Básicos de la Célula**, donde repasamos en gran detalle los muchos componentes de la célula humana, sus estructuras, funciones, y asociaciones. Una representación gráfica de sistemas de ingeniería advierte de la falta de conocimientos en muchos de los *estados* de los varios componentes. Una lista de áreas de investigación es añadida al final de este capítulo.

Es en el **Capítulo 5, La Reproducción de la Vida, la Factoría de ADN**, donde echamos un vistazo a esos cuatro nucleótidos que componen las tiras de ADN, así como también el embalaje de ADN, reproducción, y el conjunto de genes. Un nuevo mundo ante el cual maravillarse, un producto principal del proceso evolutivo a través de millones de años. Es esta reproducción del ADN la que condiciona mucha de nuestra *"libertad de acción"*, como veremos en los próximos capítulos.

¿Cuantos de nosotros(as) hemos oído del Proyecto Genoma Humano? Muchos(as), de acuerdo. Pero cuanto sabemos de los resultados de ese proyecto de ADN. En **Capitulo 6, El Proyecto Genoma Humano**, aprendemos de su principios en 1984, los individuos y organizaciones en la comunidad global que participaron, los resultados, y el mucho trabajo que todavía queda por hacer; unos 22,300 genes han sido identificados en cada célula humana, con un total de 3.3 Billones (10^9) de pares de bases químicas en cada célula. No podemos, sin embargo, evadir la pregunta: *¿Cómo es que el proceso de evolución no pudo encontrar otra forma más eficiente de almacenar esos 22,300 genes en un "órgano ADN", por ejemplo, en vez de repetir todos esos genes en cada célula de nuestro cuerpo?* También indagamos dentro de cada cromosoma para aprender como todos esos genes están organizados y almacenados, así como presentar una lista de enfermedades asociadas con "variantes" (*"errores"*) de esos genes.

¿Cómo logran los científicos(as) leer y documentar esas secuencias largas de nucleótidos que habitan dentro de los genes? En **Capitulo 7, Leyendo las Secuencias de ADN**, aprendemos acerca de las últimas tecnologías utilizadas para leer y documentar esas largas secuencias de cada gene, en cada cromosoma, su asociación con enfermedades, y con características de personalidad.

Las muchas clases de células en nuestro cuerpo tienen diferentes tiempos de vigencia, es decir, de vida. Algunas células viven 2-3 días solamente, otras células viven semanas, mientras que otras células pueden vivir varios años, dependiendo del órgano al que pertenecen. Por lo tanto, en *Capitulo 8, Reparación de ADN, Reciclo Celular, y la Ingeniería CRISPR*, aprendemos de la comunidad internacional de científicos(as) acerca de los tipos de daño al ADN, acerca de los varios mecanismos de reparación del ADN, el reciclo de "basura" producida dentro de las células, y acerca de la tecnologías creadas dentro de la *Ingeniería Genética* para reparar secuencias de ADN alterada que son responsables de muchas enfermedades. Sí, uno de los grandes descubrimientos científicos de hoy día en el área de medicina es el hecho de que una gran mayoría de las enfermedades son causadas por alteraciones en la secuencia original de uno o varios genes, alteraciones en el orden de esos cuatro nucleótidos. Una nueva era de medicina y tratamientos de enfermedades se visualiza enfrente de nosotros, y la tecnología *CRISPR/Cas9* está abriendo ese camino.

Ha sido un viaje increíble de descubrimiento en las disciplinas de la medicina, particularmente en el área de ADN, pero ¿sabemos que un número de científicos consideran que un 95% del genoma humano es "ADN basura" ("junk DNA")? Nuestro trabajo en *Capitulo 9, ¿Mucha ADN, pero poco Conocimiento Todavía?*, es el de examinar los comentarios y descubrimientos del ese "ADN basura", así como considerar nuevas áreas de investigación.

Muchos de nosotros(as) en la comunidad científica hemos estudiado e investigado métodos de toma de decisiones con criterios alternativos, o como le llamamos en Ingles, *Multiple-Criteria Decision Making (MCDM).* Hemos organizado conferencias nacionales e internacionales sobre estos métodos aplicándolos en áreas de negocio e ingeniería. Modelos matemáticos, representaciones gráficas, probabilidad y estadística, experiencias profesionales en esas dos áreas, y más. Hemos hecho de todo, excepto el sospechar que nuestras elecciones, preferencias, y temores son influenciados por nuestros genes. Por lo tanto, en *Capitulo 10, Genes y Toma de Decisiones*, nos adentramos en ese complejo enorme de los genes para averiguar cuáles son los que influencian nuestras decisiones, junto con factores ambientales claro (ej., experiencia profesional y personal, stress, el riesgo, temores, etc.). ¿Cómo afectaran estos descubrimientos la actividad actual sobre la Toma de Decisiones en las escuelas de Negocio, de Finanzas, y de Ingeniería?

Hasta ahora, muchos de nosotros(as) creíamos que estábamos en control total de todas nuestras acciones, ¿no es así? Es en el *Capítulo 11, Genes, Características Personales, y Enfermedades*, donde echamos un vistazo a los genes que influencian nuestro comportamiento personal en áreas tan diversas como optimismo, depresión, desarrollo muscular, la condición bipolar, autismo, inteligencia, crímenes violentos, y la generosidad, entre las muchas características. Es en este capítulo donde aprendemos acerca de los genes asociados con estas características personales y enfermedades, como han sido identificados por la comunidad científica internacional. Entonces, ¿cómo empezamos a buscar y encontrar un gene, o grupo de genes, entre los 22,300 genes ya identificados y documentados, que esperamos sean responsables por estas características y enfermedades? ¿Qué tecnologías de laboratorio existen, cómo son utilizadas, y que resultados producen?

¿Cómo es que nuestra estructura de ADN sabe desarrollar las proporciones y componentes de nuestro cuerpo humano, es decir, *la forma de nuestros órganos* (i.e., riñones, hígado, el corazón, la piel, etc.), así como la distribución de esos órganos por todo el cuerpo humano? ¿Porque dos orejas, una a cada lado de la cabeza, y no una enfrente de la cabeza y otra detrás de la cabeza? ¿Por qué cinco dedos y no cuatro dedos en cada mano? Es en *Capitulo 12, Fronteras de la Investigación del ADN*, donde proponemos una lista de actividades de investigación para el futuro cercano, digamos las próximas décadas. Como ya decimos en el campo de la investigación: las preguntas correctas lideran la investigación misma.

¿Cuestiones legales y éticas en la ingeniería de la genética? Pues sí, ciertamente. Estamos entrando una era en la medicina en general y en la genética en particular en la que se podrán aumentar los "poderes normales" de los humanos, ej., musculatura, habilidad para correr, para saltar, alargar el ciclo de vida, etc. Entonces, en nuestro último ***Capítulo 13, Cuestiones Legales y Éticas en la Investigación del ADN***, repasamos estos temas por parte de científicos ya reconocidos, incluidos filósofos, médicos, e investigadores.

Al final de este libro incorporamos dos secciones más: (1) ***Glosario 1 de Preguntas sobre el ADN***, y (2) ***Glosario 2 de Términos, Nombres, y Definiciones***, con sus capítulos correspondientes.

Ambrose
15 Febrero 2017

Agradecimientos

Muchas son las personas que han contribuido su esfuerzo para hacer posible los contenidos de este libro. En primer lugar quiero dar mis gracias a **Aloña Altuna**, mi esposa y compañera de vida, por su paciencia, el ánimo brindado, y su amor para que este libro fuese escrito, publicado y distribuido.

Con mucho entusiasmo también, mi gratitud al **Dr. Lucien Duckstein, Dr. Wayne Wymore, Dr. Ferenc Zsidarovszky**, y al **Dr. Istvan Bogardi**, mis queridos profesores de la University of Arizona (UofA) de entonces, y amigos hoy día, quienes me inspiraron con su trabajo de investigación, su búsqueda del conocimiento, y por su entendimiento y curiosidad acerca de nuestra humanidad, la Tierra, y el Universo.

Ambrose Goikoetxea, Ph.D.

Capítulo 1:
Introducción a tu ADN

*"Somos maquinas construidas por el **ADN** cuyo objetivo principal es el de hacer más copias del mismo **ADN**...Esto es exactamente lo que somos. Somos máquinas para propagar el **ADN**. Es la única razón de nuestra existencia."*

-***Richard Dawkins,*** biólogo, escritor.[1]

"Solamente entendemos 2/3 partes de la célula más simple, y nuestro entendimiento del genoma humano es aproximadamente y solamente 1%."

-***Craig Venter,*** biólogo, ingeniero genético.[2]

Introducción

¿Qué es el *ADN*, y porqué todo el mundo está hablando de esta "cosa" cada día? Es una abreviatura de una estructura biológica con el nombre de <u>á</u>cido <u>d</u>eoxirribo<u>n</u>ucleico, y en este libro vamos a hablar y compartir su historia en el campo de la biología, cómo funciona en nuestros cuerpos, su relación con nuestro bienestar, nuestra evolución como seres humanos, nuestras enfermedades, y nuestro comportamiento influenciado por los genes que habitan dentro de esa estructura del *ADN*.

Un enfoque y descripción de Ingeniería de Sistemas. Quiero empezar diciendo que en este libro nos concentraremos en la función de la estructura de nuestro ADN utilizando un enfoque de la Ingeniería de Sistemas (IS) en lo posible dentro de cada capítulo. *¿Un enfoque de Ingeniería de Sistemas?* Sí. Con este enfoque trataremos de organizar elementos biológicos y sus funciones de tal forma que podamos representar la estructura principal de un "*sistema*" principal y sus componentes, los **sub-sistemas**, en orden de presentación y contribución a ese sistema principal. Generalmente, cada sub-sistema tendrá algo que recibe de los otros sub-sistemas, y que vamos a llamar "*inputs*" (del Inglés, *entradas*), así como también elementos generados y que reciben el nombre de "*outputs*" y que contribuyen a los otros sub-sistemas en forma de proteínas y enzimas, así como también energía, y nutrientes. Entonces, los tópicos para este primer Capítulo son:

Contenidos:
- **Friedrich Miescher (1844-1895)**
- **James Watson (1928-)**
- **Francis Crick (1916-2004)**
- **Rosalind Franklin (1920-1958)**
- **Una representación de Ingeniería de Sistemas**
- **Historia de la Investigación sobre el ADN.**

¿Por qué un enfoque de Ingeniería de Sistemas? La razón es que esperamos que ello ayude en la información de contenidos, para facilitar el entendimiento de la causa-efecto de los varios sub-sistemas, y para representar interacciones entre esos sub-sistemas con el uso de "*flechas*" y "*cajas*" en una representación gráfica. El mérito y el reconocimiento van a los biólogos, los químicos, y el personal de laboratorio quienes han descubierto los componentes del ADN y sus funciones, claro. Hey, profesionales en las disciplinas de la ingeniería también han logrado muchos descubrimientos, inventos, y enfoques de esos descubrimientos en áreas de economía, producción industrial, matemáticas, transporte, electrónica, teoría de la información, y más. La idea general, entonces, es reunir estos dos grandes esfuerzos de investigación bioquímica y la disciplina de la ingeniería para promocionar la investigación del ADN, como muchos creemos que ocurrirá.

Una *historia breve del ADN* a continuación, para así iniciar nuestro estudio en los secretos de la estructura del ADN:

Friedrich Miescher (1844-1895). A este doctor y biólogo Suizo se le da su mérito y reconocimiento por ser el primer investigador en identificar el ácido nucleico. *"Miescher aisló las varias sustancias químicas de fosfato que él llamó **ácidos nucleicos** del núcleo de células blancas de sangre en 1869 en los laboratorios Felix Hoppe-Seyler de la Universidad de Tübingen, Alemania, preparando así el camino para la identificación del ADN como el transportador de la herencia humana."*[3]

James Watson (1928-), Francis Crick (1916-2004), y Rosalind Franklin (1920-1958). La estructura molecular del ADN fue identificada por primera vez por *Francis Crick* quien usó un enfoque de modelo con la ayuda de datos de difracción de rayos-X aportados por *Rosalind Franklin* en el laboratorio. ¿Un trio de científicos colaborando? Watson es un biólogo molecular Norte-Americano; *Watson* es un biólogo molecular, genetista, y zoólogo Norte-Americano, y *Crick* fue un biólogo molecular, biofísico, y neuro-científico Británico; ambos, junto con *Maurice Wilkins*, recibieron el *Premio Nobel 1962* de fisiología y medicina "por sus descubrimientos en el área de estructuras moleculares de ácidos nucleicos y por su importancia en la transferencia de información en organismos."[4]

¿Y que sabemos de **Rosalind Franklin**[5]? Ella fue una bioquímica Británica, de familia Judía, educada en una escuela privada para mujeres en la ciudad de Sussex. Se le describe como **agnóstica**: "*Su falta de creencias religiosa no se debió a la influencia de otras personas, sino a su propia mente inquisitiva; ella desarrolló un escepticismo desde niña, como su madre recordaba ya que Rosalind rehusaba creer en la existencia de un Dios, y recalcó: Bueno, de todas formas, como sabemos que es Él y no una Ella?*" Sufría de cáncer de ovario y murió en 1958, a los 38 años de edad, en Chelsea, Londres.

Una Representación de Ingeniería de Sistemas

La representación de Ingeniería de Sistemas que vamos a aplicar en este estudio del ADN se debe a **Wayne Wymore**[7][8] (1927-2011), un matemático, ingeniero de sistemas, y Profesor Eméritas en la Universidad de Arizona (UofA), Tucson, Arizona, USA. Este científico escribió un gran número de artículos científicos y libros sobre la **teoría de sistemas**; en este estudio, sin embargo, usaremos un número reducido de conceptos y representaciones gráficas, dependiendo de la complejidad y retos que encontremos en los siguientes capítulos sobre la estructura del ADN.

Input (I)	Estate (S)	Output (O)
1€	10€	1€
5€	10€	5 €
8€	10€	8€
10€	10€	10€
12€	10€	0€
15€	10€	0€
100€	10€	0€

Figura 1. Una representación de Ingeniería de Sistemas de un cajero automático (ATM) de un banco.

Capítulo 1: Introducción a tu ADN

Un concepto principal es el del *tricotyledon Input-State-Output*, que nos comunica que si queremos entender la estructura y funcionalidad de un "sistema", tendremos que entender su comportamiento bajo un numero de circunstancias. Empezamos, entonces, utilizando un ejemplo básico de un *cajero automático* en un banco, como mostramos en la *Figura 1*.

Como la *Figura 1* describe, una solicitud (*input*) de 1€ será satisfecha por el cajero automático produciendo 1€ para el cliente (*output*), dado que el cajero automático ya contiene (*estado*) 10€ en la cuenta del cliente. Solicitudes adicionales de 5€, 8€, y 10€ también producirán sus cantidades correspondientes. Sin embargo, solicitudes de 12€, 15€, y 100€ resultaran en cantidades de 0€ al cliente, dado que estas cantidades exceden los dineros disponibles en esa cuenta. Simple y fácil, ¿no es así? El hecho que recalcamos es que en este sistema sabemos exactamente que entra en el sistema (input), qué existe dentro del sistema (estado), y que es lo que el sistema puede producir (output).

Tal como muchos campos tecnológicos tienen sus retos, las muchas áreas de biología, genética, y medicina en general también tienen sus retos. En la genética, en particular, la situación se complica porque estamos hablando de componentes de sistemas que son extremadamente diminutos, no visibles al ojo, y consecuentemente un número de instrumentos y métodos deben ser utilizados para entender su estructura y su funcionamiento.

Las estructuras también tienen sus componentes, en cuyo caso hablaríamos de sistemas con sus varios sub-sistemas. Yendo en esa dirección, ahora consideremos el caso de un cajero automático (ATM) con 3 componentes, como se muestra en ***Figura 2***:

- ***Sub-sistema A:*** Administra solicitudes por dineros (input S^1), requisitos por costos de servicio (input S^2), requisitos de costos mensuales de mantenimiento (input S^3), y dispensa cantidades de dinero (output O^1).

- ***Sub-sistema B***: Administra solicitudes por costos de servicio (input) que varían de acuerdo con la cantidad solicitada por el cliente, y a continuación proporciona la cantidad apropiada (output) al ***sub-sistema A***.

- ***Sub-sistema C***: Recibe costos por una lista de servicios al cliente (e.g., gas, electricidad, teléfono, otros), y pasa la cantidad correspondiente al sub-sistema A al final de cada mes.

Capítulo 1: Introducción a tu ADN

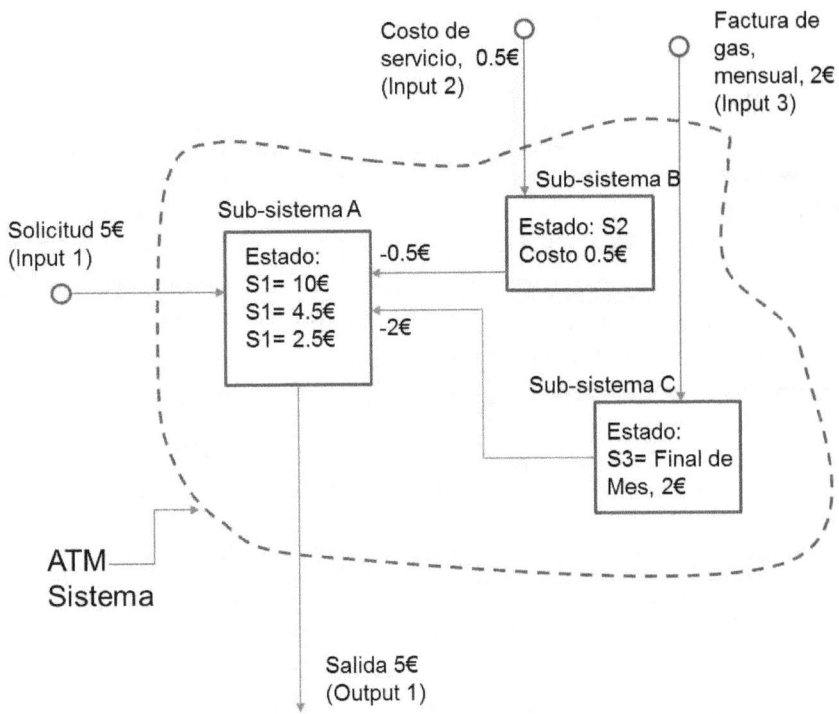

Figura 2. Sistema Cajero (ATM) con 3 componentes.

Entonces, la representación matemática sería de esta forma:

$S_{ATM}\{(I_1, I_2, I_3), (S_1, S_2, S_3)\}$ = Output O_1

Con un estado inicial:

$(S_1, S_2, S_3) = (10€, 0.5€, 0€)$

De esta forma, el Estado inicial y el Input inicial determinan el Output del sistema, es decir, su *funcionalidad*. Observamos, entonces, la siguiente transacción ("*expresión*"):

$S_{ATM}\{(5€, 0.5€, 0€), (10€, 0.5€, 0€)\} = 5€$

Tal que el siguiente Estado del sistema es:

$(S_1, S_2, S_3) = (4.5€, 0.5€, 0€).$

De esta forma al final de mes las facturas de gas, electricidad, etc. habrán llegado, y el siguiente Estado del sistema ATM es:

$(S_1, S_2, S_3) = (2.5€, 0.5€, 0€)$

por lo que ahora solamente 2.5€ están disponibles en el sistema.

Observamos también que la palabra "*expresión*" ha sido introducida en la transacción para indicar que un factor ambiental externo, es decir, la factura de gas al final del mes, ha impactado el sistema ATM y de esa forma ha cambiado el Estado del sistema. En los siguientes capítulos la palabra "expresión" aparecerá en el contexto de genes que *se activan* dentro de la configuración de la célula debido a factores (inputs) genéticos y ambientales.

Otra observación. Observamos que la estructura de nuestro sistema (i.e., cajero) ha sido completamente identificada y determinada. Es decir, sabemos todos los inputs, los estados, y los outputs en cada uno de los 3 sub-sistemas, y por lo tanto sabemos la funcionalidad de cada sub-sistema. En los siguientes capítulos algunos, pero no todos, los componentes o sub-sistemas identificados serán claramente determinados, dado que la investigación sobre el *ADN* continua, el proceso de descubrimiento continua, por lo que en muchos casos la ciencia actual presenta un "*modelo aproximado*" de la realidad por descubrir en la investigación del futuro.

Historia de la Investigación del ADN

Una lista corta de actividades y eventos relacionados con la investigación del ADN:[10]

1871: *Friedrich Miescher* publica un artículo que identifica la presencia de ADN y proteínas en el núcleo de las células.

1910: *Albrecht Kossel*, se le otorga el Premio Nobel de Fisiología y Medicina por sus descubrimientos de los cinco nucleótidos: Adenina, Citosina, Guanina, Thymine, y Uracil

1919: *Phoebus Levene* identifica el azúcar y el fosfato en el ADN.

Capítulo 1: Introducción a tu ADN

1927: **Nikolai Koltsov** propone que los atributos son heredados por "una molécula hereditaria gigante" hecha de dos tiras de ADN que se reproducen.

1937: **William Astbury** produce la primera difracción de rayos-X que muestra que el ADN tiene una estructura regular.

1952: El rol hereditario del ADN es confirmado cuando **Alfred Hershey** y **Martha Chase** muestran que el ADN es material genético en fase T2.

1952: **Rosalind Franklin** y **Raymond Gosling** proveen difracción de imágenes de rayos-X que muestran que las bases del ADN están organizadas en pares.

1953: **James Watson** y **Francis Crick** sugieren por primera vez el modelo de doble-hélice de la estructura ADN.

1961: **Marshall Nirenberg, Har Gobind Khorana** y colegas identifican como bases en el ADN son leídas en bloques de tres, llamados "codones."

1962; **Watson, Crick, y Maurice Wilkins** ganan el Premio Nobel en Fisiología y Medicina (una segunda vez).

1968: **Marshall Nirenberg, Har Gobind Khorana**, y **Robert Holley** comparten el Premio Nobel 1968, revelando el código genético y secuencia de la primera molecular tRNA.

1977: **Frederick (Fred) Sanger** desarrolla una técnica para documentar la secuencia del ADN.

1978: **Albrecht Kossel** aislo y descubrió el componente no proteico del ácido nucleico, y a continuación sus 5 núcleo-bases.

1980: **Fred Sanger** comparte el Premio Nobel con **Wally Gilbert** y **Paul Berg** por su trabajo pionero en métodos para secuenciar el ADN.

1983: **James Gusella** y su equipo descubren el gene responsable por la enfermedad de Huntington.

1985: **Alec Jeffreys** desarrolla un método para documentar el ADN, contando el número de secuencias cortas de ADN en 10 regiones específicas del genoma.

1990: El *Proyecto Genoma Humano* empieza.

1992: *Equipos Americanos y Británicos* generan técnicas para investigar embriones mientras permanecen en el útero, buscando enfermedades.

1995: El genoma de la primera bacteria es obtenido y documentado.

1998: *John Sulston* y *Bob Waterson* publican el genoma del gusano *C. elegans*.

1999: El Cromosoma 22 es el primer cromosoma humano secuenciado en el Proyecto Genoma Humano.

2001: Se publica el primer informe del genoma humano.

2003: El Proyecto Genoma Humano concluye exitosamente, confirmando la existencia de 20,000-25,000 genes.

2007: Una nueva tecnología para secuenciar el ADN aparece, capaz de aumentar rapidez y volumen por un factor de 70.

2009: Se publica el primer análisis de *canceres* del genoma, incluidos cáncer de pulmón y melanoma cáncer de la piel.

2010: Se publica el genoma del hombre Neandertal en la revista científica *Nature*.

2012: *Estudio ENCODE* publica 30 artículos científicos con información sobre el genoma humano y sus 20,687 genes.

2013: La *Corte Suprema de los USA* decreta que el ADN no puede ser patentado.

En los siguientes capítulos estudiaremos acerca de los científicos(as) y sus actividades de investigación del ADN, como ya hemos indicado en esta sección. ***

Capítulo 2:
La Evolución Humana

*"La evolución es la mayor máquina de **Ateísmo** creada."*
-- **William B. ("Will") Provine** (1942-), *"Progreso en la evolución y significado de la vida" (Progress in the evolution and meaning of life.)*, 1989, En: M. Nitecki, ed., *Evolutionary Progress*, ISBN 0-226-58692-8 [9]

En este ***Capítulo 2*** propongo una presentación de eventos, cuestiones, y evidencia que apunta inequívocamente hacia ***un Universo libre de Dioses***, en cambio continuo, gobernado por un conjunto de leyes, y en el cual el hombre es un evento accidental, un simple grano de polvo, y logramos esto en un viaje fascinante de la evolución a través del tiempo y del espacio. Para ello tenemos los siguientes tópicos:

Contenidos:
- **Sharon y Aitor (un dialogo)**
- **Objetivos de este Capítulo**
- **La escala del tiempo de la Evolución**
- **La evolución de nuestra Especie en el planeta**
- **Contribuciones de Leakey a la Paleontología**
- **Cuándo y cómo evolucionó el lenguaje**
- **Diversidad en el Planeta**
- **Síntesis de Pensamiento y Conocimiento**

Un dialogo entre dos estudiantes, Sharon y Aitor (Goikoetxea 2013). *Sharon* es una estudiante Americana a punto de empezar un año de estudios en la ***Universidad del País Vasco (UPV)*** (Euskal Herriko Unibertsitatea, EHU) para continuar aprendiendo otros dos idiomas: Alemán y Euskera. *Aitor* es un estudiante y oriundo del pueblo de Arrasate-Mondragón, Gipuzkoa, quien acaba de completar sus vacaciones en la ciudad de Boston, USA, visitando a amigos y mejorando su Ingles. Ambos se conocieron en un viaje de avión de Boston a Bilbao, y unas semanas después Aitor llama a Sharon por teléfono para invitarle a visitar un museo en Burgos. Escuchemos:

Sharon (S): ¿Atapuerca? ¿El ***Museo de Atapuerca*** en Burgos? ¿Qué es lo que hay en ese famoso museo estos días?

Aitor (A): Bueno, como ya sabes es un museo de primera categoría donde se exhiben muchos artefactos sobre el origen del hombre en nuestro planeta, la evolución de las especies, los diferentes tipos de homínidos que existieron…cantidad de cosas interesantes a ver. Está a una corta distancia de Bilbao, una hora en automóvil, por lo que pensé que pudieras estar interesada en esta visita, ver los campos de trigo por el camino, monumentos, y…

Sharon: *Ohh, yes, I would love to go there*! Por supuesto, ¡me encanta la idea! En las últimas semanas hemos tenido mucho trabajo en la universidad, con proyectos y exámenes, así que me encantaría un cambio de menú. ¿Has mencionado el origen de la

Capítulo 2: La Evolución Humana

vida en nuestro planeta? ¿Estamos hablando de nuevos descubrimientos o algo por el estilo?

Aitor: Ahh,... *yes, exactly!* En los últimos 30-40 años han ocurrido un increíble número de descubrimientos científicos, una explosión de descubrimientos, diría yo, que nos dan información sobre una gran variedad de temas, desde nuevos medicamentos y el tratamiento de enfermedades, avances en la ingeniería de aviones y trenes, los orígenes del Universo, la inteligencia social, hasta el origen de los humanos en nuestro planeta.

Sharon: ¿Por qué en los últimos 30-40 años, como tú dices, y por qué no antes? Como seres humanos hemos estado haciendo cosas interesantes durante miles de años.

Aitor: Sí, pero estoy hablando de las nuevas tecnologías. El descubrimiento del radiocarbon-14, un isotopo radioactivo de carbón, en particular, ha hecho posible el determinar "la edad" de los huesos, así que hoy podemos determinar si huesos fósiles tienen 300 años, 30.000 años, o más.

Sharon: ¿Ahh, sí? ¿Y cómo funciona esa tecnología?

Aitor: Tal como lo entiendo yo –un conocimiento básico por mi parte— todos los huesos de animales contienen ese isotopo radiactivo de carbón que emite protones y neutrones con una frecuencia determinada. Una frecuencia y emisión altas cuando los huesos son generados por primera vez, y luego esa emisión disminuye con los años que pasan. Así que midiendo el "rate" de emisión de ese isotopo en huesos los científicos pueden determinar la edad de los mismos, por miles y millones de años. Cuanto más bajo es el rate de emisión, mayor es la edad de los huesos.

Sharon: *No kidding! That's fantastic!* ¿Me estás diciendo que ahora podemos determinar la edad de esos huesos y cráneos que hemos estado guardando en cajas en museos durante cientos de años? Quiero decir, guardamos esos huesos y fósiles en cajas por curiosidad ya que no sabíamos qué hacer con ellos, creo.

Aitor: Exactamente. Es precisamente por esa tecnología y otras que ahora sabemos que los Neandertales vivieron en Europa y Asia unos 300.000 años, hasta que se extinguieron hace unos 30.000 años.

Sharon: ¡Esto es increíble! Una pena que no podemos hacer algo así con otras cosas.

Aitor: ¿Qué quieres decir?

Sharon: Quiero decir que en el caso de los idiomas, los lenguajes del mundo, sería fabuloso si pudiéramos ver dentro de un lenguaje, observar cosas, la estructura, las características del sintaxis, por ejemplo, y entonces ser capaces de deducir su antigüedad en miles de años, su lugar de origen, cosas así.

Aitor: Sí, es una idea interesante. Pero si eso no es posible, qué es lo que lingüistas pueden hacer hoy día para determinar el origen de los lenguajes, su edad, etc. Y ya que estamos en ello, ¿desde cuando los humanos han podido hablar, tener un lenguaje? ¿Hace 10.000 años? ¿Hace 25.000 años?

Sharon: Desde hace mucho más tiempo, mucho más, pero aún así desde hace poco tiempo en la escala de la evolución. En mi departamento en la UPV nos dicen que de acuerdo con **Noam Chomsky**, el lingüista de fama mundial, nosotros los humanos adquirimos la capacidad de hablar hace 60.000 años en África. Chomsky dice que la radiación solar afectó el ADN de un solo individuo, uno solo, en África hace 60.000 años, y entonces fue cuando ese hombre o mujer empezó a hacer sonidos con su boca, a combinar sonidos para hacer palabras.

Aitor: ¿Estás diciendo que la radiación solar causó cambios en el ADN de un ser humano, y que esos cambios produjeron a su vez cambios en la fisiología de la boca, de la faringe, la garganta y todo ello?

Sharon: Sí, eso es lo que Chomsky nos dice.

Aitor: En ese caso pudiera ser posible el investigar y determinar cuando esa alteración de la boca y de la garganta ocurrió en los humanos con el uso del radiocarbon-14, y si esos cambios ocurrieron en los Neandertales y en otros homínidos. ¿Pudiera ser así?

Capítulo 2: La Evolución Humana

Sharon: Sí, es una buena pregunta. ¿Pero qué vamos a hacer con Atapuerca, vamos a visitar ese museo?

Aitor: Ahh, sí… Volviendo al tema de Atapuerca. Sabemos que ocurrieron unas 6-8 migraciones de los primeros humanos de África, el continente de origen, y con los años se esparcieron por Europa y Asia, hasta llegar a los cinco continentes a lo largo de 2 Millones de años, básicamente.

Sharon: ¿De Africa?

Aitor: Sí, la evidencia científica apunta a África, el Noroeste de África, la región de Etiopia específicamente, como el origen de la especie humana, los "*homínidos.*" De esa región de África salió el **Homo Ergaster**, uno de los primeros grupos de homínidos, posiblemente cruzando el estrecho ente el continente Africano y lo que es hoy día Saudí Arabia.

Sharon: ¿Y a qué o quién se parecía ese Homo Ergaster?

Aitor: Se cree que se parecía ya al hombre moderno, en gran parte. La misma estructura física, la misma altura, aunque posiblemente más fuerte y robusto, con caderas anchas, y con brazos y piernas como las del hombre moderno de hoy día. Vivió y evoluciono a lo largo de 1,4 Millones de años, hasta hace 400.000 años.

Sharon: Hey, that's cool. ¡Muy increíble!

Aitor: A continuación surgió el **Homo Erectus**. Este siguiente homínido, descendiente del Homo Ergaster, salió de África hace unos 1,6 Millones de años, y vivió hasta hace unos 300.000 años. Fuerte, una altura de 1,8 metros, con una mandíbula fuerte y pronunciada. Han encontrado sus huesos en África, China, Indonesia, y en partes de Europa.

Sharon: Probablemente fueron varias las razones por las que los homínidos salieron de África para extenderse a otros continentes. ¿Cuánta gente, cuantos homínidos, salieron de África en aquel entonces?

Aitor: Los científicos hablan de unas docenas de familias, de 200-300 familias que salieron de África, que cruzaron el estrecho, y caminaron hacia Europa y Asia.

Sharon: ¿Y a continuación, quienes les siguieron? ¿Hubo otras olas de migraciones a continuación?

Aitor: En 1962 los científicos descubrieron en Atapuerca los restos de unos **Neandertales**, descendientes directos del *Homo Ergaster*, se cree, quienes vivieron en las regiones de Europa Occidental y Asia durante ***300.000 años***. Un periodo de tiempo relativamente largo. Y después se extinguieron, con las ultimas familias de Neandertales viviendo hasta hace 20.000-30.000 años, Atapuerca siendo una de sus últimas colonias en el continente Europeo.

Sharon: Yeah, últimamente se oye mucho de los Neandertales. ¿Qué apariencia tenían ellos y ellas?

Aitor: Los Neandertales también eran muy fuertes y robustos, con piel blanca, y cabello rojo. Bueno, ellos tenían piel oscura, negra, bello corporal, y pelo negro enrizado cuando salieron de África hace 300.000 años, pero después de vivir miles de años en las regiones frías de Europa y Asia, parte de su ADN cambio y perdieron mucho de su bello corporal. Sus cuerpos necesitaban la luz del sol para calentarse y sobrevivir in aquellas regiones frías, así que cubrieron sus cuerpos con ropas y consecuentemente perdieron su pelo corporal. La pigmentación oscura y negra de la piel también se perdió para poder absorber mejor la luz del sol, así que adquirieron una piel blanca con los miles de años. Aquellos cambio de ADN, entonces, les permitió una piel blanca y clara para poder absorber la radiación solar, y la ropa les permitió mantener el calor de sus cuerpos. Se adaptaron a su entorno y lograron sobrevivir. Biología, física, química, y tiempo, puro y simple.

Sharon: ¿Y qué sucedió con aquellos miles o millones de Neandertales, cómo se extinguieron?

Aitor: La comunidad científica no sabe exactamente las causas de su extinción. Algunos científicos creen que algunos de los Neandertales se mezclaron con individuos y familias del grupo Homo Sapiens Sapiens cuando estos salieron de África y se esparcieron por Europa y Asia. Aun otros científicos creen que los Neandertales entraron en un proceso lento de extinción, pero no saben de las causas de ese proceso.

Capítulo 2: La Evolución Humana

Sharon: Tal vez esos dos grupos de homínidos con el tiempo llegaron a entenderse, a vivir juntos, y se mezclaron. ¿Cuándo aparece el Homo Sapiens Sapiens en el mapa por primera vez?

Aitor: Los paleontólogos dicen que hace 40.000-60.000 años nuestra especie de Homo Sapiens Sapiens salió de África y comenzó a esparcirse por los cinco continentes.

Sharon: *Really?* ¿Tan recientemente?

Aitor: Sí, muy recientemente, relativamente hablando. Debemos recordar, como decíamos anteriormente, que todo empezó con unas docenas de familias de Homo Sapiens Sapiens cruzando "el charco" entre África y el continente Europeo. Empezando con esas pocas docenas de familias hemos llegado a poblar el planeta tierra con 7.000 Millones de gente en tan solo esos 40.000-60.000 años.

Sharon: Debió ser una Aventura muy arriesgada y peligrosa, pero al mismo tiempo muy interesante, entre otras cosas, estoy pensando.

Aitor: ¿Qué quieres decir?

Sharon: Bueno, estoy tratando de visualizar ese primer encuentro entre los dos grupos de homínidos, hace 40.000 años, en algún lugar de Europa, cuando los Homo Sapiens Sapiens con su piel y pelo negro se encontraron cara-a-cara con sus "primos" los Neandertales, estos con piel blanca y pelo rojo. ¿Se cayeron sus mandíbulas al suelo del susto, corrieron haciendo distancia entre ellos, o bien se saludaron y tuvieron una gran comida ese día para celebrar la ocasión? ¿Nos tiramos flechas, los unos a los otros, o nos dimos la bienvenida con una fiesta?

Aitor: Tienes toda la razón. Debió ser una gran sorpresa para ambos grupos de homínidos. Entonces, ¿paso con mi automóvil para recogerte este Sábado por la mañana, digamos a la 10:00 horas de la mañana, para conducir hasta Atapuerca?

Sharon: *It sounds great to me!*

Objetivos de este Capítulo

Hemos iniciado un viaje de descubrimiento. Queremos echar un vistazo a los descubrimientos científicos de los últimos 25-30 años en un número de áreas, hacer un análisis de cada área en términos de criterios específicos, ver resultados obtenidos, y a continuación hacer una síntesis del conocimiento y evidencia obtenidos en esos resultados. El lenguaje y cultura de cada grupo de seres humanos es parte de la composición multi-dimensional de cada grupo, sugiero. Por lo tanto, el desarrollo y evolución de esos dos componentes, lenguaje y cultura, tiene un impacto directo en el éxito, o falta de éxito, de la evolución de cada grupo. ¿Por qué algunos grupos evolucionan exitosamente mientras otros se tambalean y finalmente desaparecen, ya sea porque pierden su lenguaje, cultura, identidad, u otra lista de razones? En este capítulo examinamos la trayectoria de los homínidos a lo largo de su evolución, el más reciente de los homínidos, el ***Homo Sapiens Sapiens***. ¿Qué factores determinaron que un grupo de homínidos sobreviviera mientras que otros grupos se extinguieran? Objetivos de este capítulo:

- Refrescar nuestra memoria, o aprender por primera vez, sobre la increíble evolución de nuestra especie.

- Conocer los comienzos de nuestra capacidad para hablar, aprender y usar un lenguaje. ¿Ocurrió ese comienzo, esa capacidad, hace 10.000 años, hace 20.000 años, o hace 5 Millones de años?

- Darnos cuenta de que ***todas las razas humanas en nuestro planeta*** pertenecen al mismo grupo de homínidos, el *Homo Sapiens Sapiens*, y que este grupo origino en África, madre África, en la parte Noreste de África, en las regiones de Etiopía específicamente, como así lo indican los últimos descubrimientos científicos. Nosotros los Vascos no venimos de lugar A en nuestro planeta, Gallegos no vienen de lugar B en el planeta, Tibetanos no vienen de lugar C, La gente China no viene de lugar D, todos diferentes lugares, y así sucesivamente, sino que todos(as) venimos de los mismos ancestros, de África.

- Continuar aprendiendo y entendiendo acerca del número de factores que influenciaron la evolución exitosa de los humanos. ¿Se debe ese éxito a nuestra fuerza física? ¿A nuestra inteligencia? ¿A la complejidad de algunos modelos sociales comparados con otros modelos?

La Escala del Tiempo de la Evolución

Una mirada a la línea de tiempo de la evolución de varias especies en la Tierra, nuestro planeta, como se muestra en **Tabla 1**, nos puede ayudar a entender la fragilidad de la existencia de nuestra propia especie en el planeta, entre otras cosas.

Tabla 1. La Evolución de todas las Especies en la Escala del Tiempo

<u>Hace Millones
de Años:</u>   *Evento:*

4.500   Se creó la Tierra (***Big-bang*** teoría).

4.500-3.800   El periodo ***Hadeico***. La vida empieza en el mar.
3.800-2.500   El periódo ***Arcaico***. Comienzo de la fotosíntesis.
2.500- 600   El periodo ***Proterozoico***. Atmosfera oxigenada.
 540- 490   Periódo ***Cambrico***. Surge el "Pikaia", primer
                 "pez" con espina dorsal, el origen de todos los
                 mamíferos.
 299- 200   95% de las especies desaparecen.
 200- 150   Periódo ***Jurásico***. Mamíferos, primeras aves,
                 primeras plantas con flores.
 299- 200   95% de las especies desaparecen.
   5-7   ***Ancestro Común*** de especies humanas y de los
                 chimpancés.
   0.3   Los ***Neandertales*** salen de África, entran en
                 Europa, Asia, otros continentes (hace 300.000
                 años).
 0.04-0.6   El ***Homo Sapiens*** sale de África, (hace 40.000-
                 60.000 años). Familias de Homo Sapiens se
                 esparcen por los continentes de la Tierra
                 llegando a originar todas las razas humanas en el
                 Tierra, en el Planeta.

*Miles de Años
en el Futuro:*   *Evento:*
  ¿ 2-3 ?   Extinción del ***Homo Sapiens Sapiens***.

¿Hace cuánto tiempo? La tierra se formó hace unos 4.500-5.000 Millones de años, aproximadamente, de acuerdo con la teoría del "Big-Bang." Sí, hace mucho tiempo, y es casi imposible digerir en

Capítulo 2: La Evolución Humana

nuestras mentes un periodo de tiempo tan largo. Una masa grande de fuego y materia dando vueltas en nuestra galaxia. A continuación, durante los siguientes 500 Millones de años la Tierra se va enfriando, la superficie de la tierra, es decir. Durante el periodo Hadean, hace 4.500-3.800 Millones de años, *la vida surgió en la interface de la tierra y el mar, por accidente*, por razones físicas y químicas. Otros 1.300 Millones de años tuvieron que pasar para que el proceso de fotosíntesis apareciera, remplazando el dióxido de carbón (CO_2) del planeta con oxígeno (O_2). Esa abundancia de oxígeno en el planeta hizo posible la evolución de una rica variedad de organismos en la tierra y en el mar. Aparece la "*pikaia*" por primera vez, un primer "pez" con columna vertebral, el primer ancestro de todos los mamíferos del planeta. A continuación, entre hace 5 y 7 Millones de años, el homínido **Homo Ergaster** aparece y se convierte en el primer ancestro de los homínidos, como se muestra en la ***Tabla 1*** y ***Figura 2***. El Homo Erectus, una rama del Homo Ergaster, sale de África y se esparce por el Este de Asia y Australia durante 1,4 Millones de años, hasta que desaparece en tiempos modernos. Una segunda rama, los **Homo Neandertales**, salen de África hace unos 300.000 años para esparcirse por partes de Europa y Asia y, nuevamente, llegar a su extinción en tiempos modernos, tan solamente hace unos 20.000-30.000 años. Una tercera rama, la del **Homo Sapiens**, llegó a prosperar en África durante los últimos 400.000 años, y tan solamente hace unos 50.000 años salió de África, inicialmente llegando a Europa y el Medio Oriente, llegando a poblar los cinco continentes. Hoy día todas las razas humanas pertenecen a esa tercera rama conocida como la del **Homo Sapiens Sapiens.**

Observando que la aparición y existencia del hombre moderno es tan solamente un punto, un puntito, en la escala del tiempo y de la evolución, y dándonos cuenta de los muchos conflictos sociopolíticos y su gran impacto en nuestras sociedades en los últimos 2.000 años, es preocupante imaginar que la extinción de nuestra especie pueda ocurrir en un futuro próximo. ¿Cuándo? ¿En los próximos 1.000 años? ¿En los próximos 5.000 años? De acuerdo con la manera en la que nuestra comunidad global se comporta, la extinción debería ocurrir en ese intervalo de tiempo, en mi opinión. Hoy día no estamos teniendo mucho éxito en el diseño e implementación de nuevos modelos sociales, económicos, culturales, y políticos, modelos capaces de anticipar y evitar eventos catastróficos en el mundo, muchos de nosotros diríamos. En cuyo caso, ¿cuál otra especie seria la siguiente en reclamar una supremacía en el planeta tierra? ¿Los insectos? ¿Las cucarachas? ¿El conejo Tibetano?

La Evolución de las Especies en el Planeta

Los ancestros de los primates modernos, nuestros "primos", eran pequeños y comían insectos: los *lémures y adápidos*, principalmente, como se muestra en *Figura 1* en el contexto de los últimos 100 Millones de años.[5]

Boyd y **Silk (2003)** comparten con nosotros su entendimiento de las circunstancias en el planeta durante ese intervalo de tiempo:

"Para entender las fuerzas evolutivas que influenciaron el desarrollo de los primeros primates necesitamos considerar dos cosas. Primero, ¿qué tipo de animales existieron en ese intervalo de tiempo en los cuales la *selección natural* actuaria? Segundo, ¿Qué tipo de animal tendría éxito en su evolución? Los plesiadapiformes variaban en tamaño, desde muy pequeños como lo es una *musaraña*, hasta animales mayores como una *marmota*, y aunque la mayoría de estas especies son conocidas hoy día a través de sus dientes fósiles, fueron de cuatro patas, solitarios, y nocturnos… El *periodo Eoceno* (hace 55-35 Millones de años) era ya más húmedo y caliente que el periodo Peloceno anterior, con bosques tropicales enormes que cubrían casi todo el planeta… En aquellos Eoceno primates ya podemos observar las primeras características de los primates modernos… Los más antiguos homínidos eran miembros del genero Precunsal. Ese género incluía cinco especies que variaban del tamaño de un *macaco (10 kgs.),* al tamaño de un *mono obo (38 kgs.)*. El fósil más antiguo encontrado en Losidock, norte de Kenya, se remonta a 27 Millones atrás, mientras que otros fósiles encontrados en África se remontan a tiempos más cercanos, a hace 17 Millones de años." [5]

Capítulo 2: La Evolución Humana

Nosotros, los humanos, ¿venimos de diferentes lugares en el planeta Tierra, y de modelos morfológicos diferentes? Nuevamente, los descubrimientos científicos de los últimos 25-30 años nos comunican la siguiente información:

> "Un cambio dramático en la morfología de los homínidos ocurrió durante el periodo glacial. Hace unos 100,000 años el planeta Tierra estaba habitado por una colección de homínidos similares en su morfología: los Neandertales en Europa, otros homínidos robustos en el Medio Oriente… **Hace 25-30 años** una mayoría de los paleo antropólogos nos hubieran dado la misma respuesta: los homínidos robustos que venían del final de periodo Pleistoceno Superior eran parte de la misma especie (Homo Sapiens Archaic), de la cual gradualmente evolucionaron a la morfología moderna que tenemos hoy día.

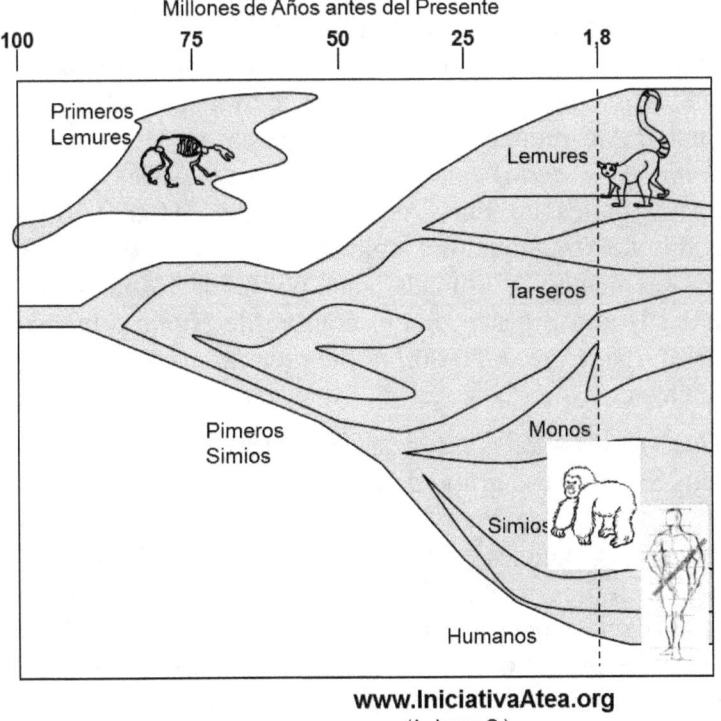

www.IniciativaAtea.org
(Ambrose G.)

Figura 1. Evolución de los Humanos.

Esa idea fue bautizada con el nombre de **hipótesis multi-regional**... La nueva evidencia, sin embargo, apunta a genes que vienen de una población Africana de hace 100.000-200.000 años que dio forma a la morfología moderna. Los individuos que llevaban esos genes se esparcieron por toda África, dando lugar a un número de poblaciones con la misma morfología pero con diversa genética. Después, hace unos 50.000 años, **unos pocos individuos de una de esas poblaciones salieron de África** y se esparcieron por todo el planeta, reemplazando a las otras poblaciones de homínidos con relativamente poco contenido genético en ellas... Mucha de esa información proviene de los genes que residen dentro del **mitocondria**... genes que *se heredan a través de la hembra de la especie, solamente.*"[6]

Como la **Figura 2** indica, el grupo de homínidos **Homo Ergaster** originó en África hace 1,8 Millones de años y se esparció por varias regiones en ese continente y en el Medio Oriente. A continuación, una variedad genética de ese grupo, el **Homo Erectus**, salió de África hace 1,6 Millones de años y se extendió por Asia y el continente Australiano. Una segunda rama del Homo Ergaster crea el **Homo Neandertal** que también sale de África para entrar en Europa y partes de Euro-Asia hace unos 350.000-400.000 años llegando a extinguirse tan solo hace unos 30.000-40.000 años. Interesantemente y afortunadamente por todos nosotros(as), aun otra rama del Homo Ergaster con el nombre de **Homo Sapiens Sapiens** sale de África hace 50.000 y llega a esparcirse por los cinco continentes.

Una vez más, todas las razas del planeta originaron con el Homo Sapiens Sapiens, ese grupo de unas cuantas docenas de familias que salieron de África, hace unos 50.000 años. Griegos, Tibetanos, Alemanes, Catalanes, Rusos, Americanos Nativos, Vascos, Rumanos, Judíos, Españoles, Irlandeses, Palestinos, Maois, etc... todos, pertenecemos a este mismo grupo de homínidos. **Todos nuestros ancestros salieron de África con piel oscura o negra, y pelo negro rizado.** Este increíble y maravilloso conocimiento científico puede servir para repasar y modificar nuestras creencias y perspectivas acerca de nosotros mismos y nuestro universo, propongo.

Capítulo 2: La Evolución Humana

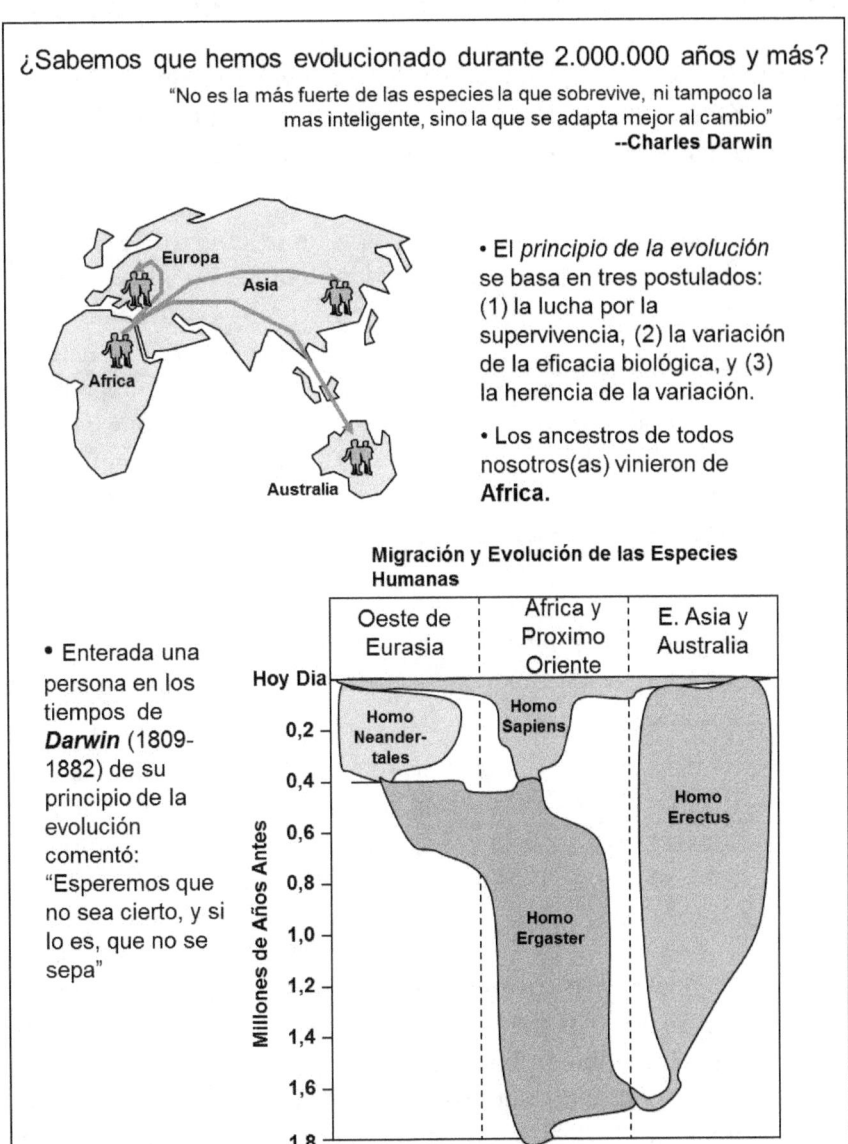

Figura 2. Migración de los Homínidos desde África

Ambrose Goikoetxea, Ph.D.

Contribuciones de Leakey a la Paleontología
[Return]

En tiempos recientes el paleontólogo **Richard Leakey** (1944, Nairobi, Kenya-) ha hecho contribuciones significantes al origen del hombre con sus numerosos descubrimientos de fósiles en el Este de África:

Richard, el hijo del conocido antropólogo Louis S.B. Leakey y de Mary Leakey, era reluctante a la idea de seguir la carrera de sus padres y por ello escogió otro camino, el de guía de safari. En 1967 se unió a una expedición hacia el valle del Rio Omo en Etiopia. Fue durante esa expedición que él primero observó el área de Koobi Fora a lo largo de las orillas del Lago Turkana (Lago Rudolf) en Kenya, donde el dirigía otra pequeña expedición que descubrió varias herramientas de piedra. Tan solamente en ese lugar durante la siguiente década Leakey y sus colegas descubrieron unos ***400 fósiles de homínidos*** que representaban unos 230 individuos, haciendo así de Koobi Fora uno de los lugares con la mayor colección de restos de homínidos en el mundo.

Leakey hizo una interpretación controversial de sus fósiles. En dos libros escritos con el escritor de ciencias Roger Lewin, *Orígenes* (Origins, 1977) y La Gente del Lago (People of the Lake, 1978), Leakey presento sus puntos de vista, tal que hace 3 Millones de años tres formas de homínidos existieron: *Homo habilis, Australopithecus africanus,* y *Australopithecus boisei.* Su argumento fue que dos de los Australopithecus se extinguieron y que el H. Habilis evolucionó para convertirse en el Homo Erectus, el ancestro directo del Homo Sapiens, o sea el ser humano moderno. Él insiste en que él encontró evidencia en Koobi Fora para apoyar esta teoría. De interés particular es un cráneo casi completamente reconstruido encontrado en 300 fragmentos en 1972 (de código KNM-ER 1470). Leakey cree que este cráneo representa al H. Habilis y que esta formal bipedal de cerebro grande, erguido de Homo vivió en África del Este hace 2,5 Millones de años por lo menos, y posiblemente hace 3,5 Millones de años. Más detalle sobre esta teoría de Leakey se encuentra en su libro *The Making of Mankind* (1981).

De 1968 a 1989 Leakey fue director del National Museum of Kenya. En 1989 fue elegido director del Wildlife Conservation and Management Department (el precursor del Kenya Wildlife Service, WWS). Comprometido con la preservación de la fauna de Kenya, Leakey inicio una campaña para reducir la corrupción dentro del KWS, utilizando la fuerza necesaria para batallar a los contrabandistas de marfil (ivory). En el proceso hizo muchos enemigos. En 1993 sobrevivió un accidente de avión en el que perdió ambas piernas debajo de las rodillas. Al siguiente año demitió en su posición en el KWS citando interferencia por parte del Presidente Daniel de Kenya en el gobierno de Moi, y se convirtió en el fundador de un partido político de oposición de nombre Safina ("Arca de Noé", en Swahili). Presión política por parte de simpatizantes extranjeros motivo a Leakey a volver momentáneamente a KWS (1999-2001). A continuación se dedicó a dar ponencias y a escribir sobre los temas de conservación de fauna y del entorno. Otro libro suyo con Roger Lewin es *The Sixth Extinction: Patterns of Life and the Future of Humankind* (1995) (La Sexta Extinción), en el cual argumenta que los seres humanos hemos sido responsables de una reducción catastrófica de especies de animales y plantas en la Tierra. Más tarde Leakey colaboro con Virginia Morell para escribir su segunda auto-biografía, *Wildlife Wars: My Fight to Save Africa's Natural Treasures* (2001; su primera auto-biografía, *One Life*, fue escrita en 1983).

En 2004 Leakey fundó *Wildlife Direct*, una organización de conservación de Internet diseñada para diseminar información sobre especies en peligro de extinción y para conectar a donantes a esfuerzos de conservación. Ofició también en 2007 como jefe interino de la oficina Kenya de la *Transparency International*, una coalición global contra la corrupción. La zoóloga Meave Leaky (neé Epps), su mujer, ha realizado varios proyectos de paleontología en la región de Turkana en colaboración con su hija Luise (born 1972). En 1998 su equipo descubrió fósiles, con más de 3 Millones de años de antigüedad, de un homínido que ella llama *Kenyanthropus platyops.* [10]

Cuándo y cómo evolucionó el Lenguaje [Return]

Anteriormente en este capítulo ya mencionamos al famoso lingüista **Noam Chomsky (2012)**, quien es de la opinión de que el lenguaje primero ocurrió en los humanos hace 60.000 años en África. El debate de "cuándo y cómo" sobre el origen del lenguaje continua hoy día, sin embargo. La mayoría de los expertos coinciden en que el lenguaje juega un papel crucial en la ecología humana y en el comportamiento social. Esta pluralidad de opiniones también coinciden en la creencia de que hubieron dos factores principales en el desarrollo del lenguaje: (1) el desarrollo de la laringe, y (2) el desarrollo de las capacidades cognitivas del cerebro:

- La morfología de la garganta humana es diferente a la de los otros primates.[7] La laringe y las cuerdas vocales de los humanos están localizadas en una posición más baja, algo que mejora la habilidad de producir una mayor gama de sonidos. El tamaño y forma de la lengua, así como también de la garganta y de la boca, nos capacitan para articular una gran variedad de sonidos.

- Las reglas gramaticales nos permiten hacer distinciones útiles y criticas de esos sonidos. Sabemos, por ejemplo, que muchos idiomas comparten las mismas reglas gramaticales que permiten a las personas comunicarse en maneras inteligibles y eficientes. El orden de las palabras en una oración (sintaxis) también permite distinguir a un idioma de otros. El llamado "sintagma nominal" y el "sintagma verbal" del Euskera (a Pre Indo-European language), por ejemplo, es diferente comparado con sus equivalentes en las otras lenguas Indo-Europeas.

- El procesamiento de un idioma está centrado en el cerebro. Los estudios han mostrado que "el procesamiento del lenguaje está concentrado en el hemisferio izquierdo del cerebro, en la **Región Perisilviana**, en referencia a su proximidad a la *fisura de Silvio*. [8]

Diversidad en el Planeta

Los idiomas representan una dimensión importante y crucial en lograr diversidad en nuestro planeta, una diversidad necesaria para conseguir la continuidad de la vida en nuestro planeta, en mi opinión. Tal es el caso del **Euskera**, la lengua Vasca -- *como es el caso con cada idioma en el planeta* – un lenguaje que contribuye a lograr ese objetivo de continuidad y vida en nuestro planeta. Este estamento, propongo, tiene *valor científico*, y no está basado en ideología política alguna. Cada idioma influencia la manera de pensar de cada individuo en su grupo y comunidad, incluidas las maneras alternas de pensar y contemplar el Universo a nuestro alrededor.

Síntesis de Pensamiento y Conocimiento

Hemos llevado a cabo un breve repaso de los descubrimientos científicos de los últimos 25-30 años, particularmente en el área de paleontología, y ahora comparto mis observaciones y síntesis de esos conocimientos:

- Todas las razas en nuestro planeta Tierra pertenecen al **Homo Sapiens Sapiens**, el último grupo de homínidos que salió de **África** hace unos 40.000-60.000 años, un tiempo reciente en la escala de la evolución humana. Americanos Nativos, Vascos, Chinos, Catalanes, Marroquís, Tibetanos, Españoles, Rusos, Algerianos, Maorís, Esquimales, etc., pertenecen al mismo grupo. Todos somos individuos con el mismo contenido genético, básicamente, y ninguno individuo con una capacidad fisiológica mayor a la de los otros individuos en el grupo. Sí, sabemos que en África hoy día existe una mayor diversidad genética -- pequeña como pueda ser, pero mayor -- debido al hecho de que el Homo

Sapiens Sapiens proviene de uno de los varios grupos de homínidos en África hace esos 40.000-60.000 años.

- *"No es la especie (cada una de las especies) más fuerte la que sobrevive, tampoco la más inteligente, sino la especie que mejor se adapta al cambio"*, como *Charles Darwin* observó. Dicho en otras palabras, el ser fuerte e inteligente es una condición necesaria, sí, pero no suficiente para que los humanos puedan sobrevivir.

- ¿Cuál es la **relación entre complejidad y éxito** en la supervivencia del lenguaje? ¿Es una relación única, o posee sus propias características? Sabemos de la complejidad de algunos idiomas en civilizaciones caracterizadas por "una tecnología y una organización social rudimentarias." Sabemos, por ejemplo, que los idiomas de algunos grupos con esas características rudimentarias, (ej., algunos idiomas de Americano-Nativos, otros) tienen *expresiones y representaciones de pronombres personales* más complejos que sus equivalentes en idiomas Europeos. En el otro lado de la gama, en contraste, tenemos el Ingles moderno, con un numero de reglas gramaticales muy reducido, con un numero sumamente reducido de verbos auxiliares (Goikoetxea, 2013), y *una mínima complejidad estructural*, llegando a ser el idioma de mayor conocimiento y uso en nuestra comunidad global.

- Los fósiles de restos humanos descubiertos por **Richard Leakey** y otros paleontólogos proveen evidencia empírica y científica sobre los orígenes únicos del hombre en el Noreste de África, hace 2,5 Millones de años. Una realidad científica que echa a un lado cualquier consideración de una "creación divina." Nuestra especie humana es simplemente una humilde especie animal entre muchas, una colección de polvo cósmico en el universo. ✳✳✳

Capítulo 3:
Orígenes de la Vida

"La uniformidad de la vida en la Tierra, aún más increíble que su diversidad, se explica por la alta probabilidad de que descendemos, originalmente, **de una misma célula,** *fertilizada por un rayo de luz al enfriarse la Tierra. Es de la descendencia de esta célula madre que derivamos nuestra forma; nuestros genes están compartidos por todo nuestro alrededor, y la similitud de las enzimas de hierbas a las enzimas de las ballenas es una similitud de familia."*

-- **Lewis Thomas**, *La Vida de una Célula (The Lives of a Cell: Notes of a Biology Watcher)*, (1995, 1978)[3]

Nuestro propio planeta Tierra empezó su existencia hace unos **4,5 Mil Millones de años** (4,5 Billones), y las primeras formas de vida aparecieron en su superficie unos Mil Millones de años después. Las muchas similitudes entre todos los animales y todas las plantas sugiere la existencia de *un ancestro común, una misma célula* de la cual todas las especies evolucionaron en los siguientes 3,5 Mil Millones de años a través del proceso de evolución.

Los *biólogos evolutivos* están de acuerdo en que debió ser un solo ancestro común, ya que sería virtualmente imposible para dos fuentes independientes desarrollar las muchas estructuras bioquímicas que son comunes en todos los organismos vivos hoy día. "Puros y duros" procesos y fuentes químicos y físicos desarrollándose en la ausencia de poderes "supernaturales" o "divinos" algunos. Reacciones químicas y físicas a través de millones de años, empezando con organismos de una sola célula, y a lo largo de ese tiempo produciendo las primeras formas de *vida bacterial, por accidente*, y no por diseño supernatural o divino, concluimos. En este capítulo iniciamos un estudio detallado de los siguientes tópicos:

Contenidos:
- **La evolución de la vida en la Tierra**
- **Orígenes de la vida en la Tierra**
- **Replicas, Copias**
- **Metabolismo**
- **Membranas primero**
- **Evolución y reproducción sexual**
- **Organisms multi-celulares**
- **Aquí vienen los Animales**
- **Los primeros vertebrados de tierra**
- **Los Humanos**
- **Extinciones masivas**
- **Síntesis de Pensamiento y Conocimiento**

Capítulo 3: Orígenes de la Vida

La evolución de la vida en la Tierra

Como ya hemos indicado, hoy día ya sabemos que la Tierra se formó hace 4,5 Billones de años, al principio de nuestro sistema solar en el universo, y que las primeras formas de vida aparecieron en la superficie un Billón de años después, como la *Figura 1* muestra.

La primera evidencia de vida en la Tierra ha sido hallada en la forma de *grafito piogénico* con 3,7 Billones de años de antigüedad, en las rocas meta sedimentarias de Groenlandia Occidental,[4] y en fósiles microbiales descubiertos en Australia Occidental.[5] A continuación *la fotosíntesis* del oxígeno, hace unos 3,5 Billones de años, finalmente dio lugar a la oxigenación de la atmosfera. La evidencia apunta a la existencia de eucariotas (organismos complejos de *una sola célula*) hace 1,85 Billones de años, con oxígeno en sus metabolismos en el proceso de diversificación. Células con *células múltiples* empezaron a aparecer hace unos 1,7 Billones de años con células ya diversas realizando varias funciones.

¿Alguien mencionó las plantas? Sí, después, mucho más tarde, hace unos 450 Millones de años, las primeras plantas aparecieron.[6]

> **¿Cuál es la antigüedad del hombre?**
>
> Imaginemos el edificio *Empire State* de la ciudad de New York, uno de los edificios más altos del mundo. Pero ahora imaginemos que es mucho más alto, digamos un total de 4.500 metros de altura, y que lo usamos para medir con una cinta larga la historia de la tierra desde el primer piso (0 metro!) hasta la cima del edificio, metro a metro. Entonces, nosotros los humanos aparecemos por primera vez ¡en los últimos 2 metros del edificio, en la escala del tiempo!

Creemos que los microbios prepararon el camino para la emergencia de plantas de tierra en el periodo de tiempo Fanerozoico (Phanerozoico). A continuación llegaron los animales invertebrados durante el periodo Ediacarano (Ediacaran), mientras que los vertebrados originaron después, unos 525 Millones de años después durante la explosión de vida del periodo Cambriano. Los dinosaurios dominaron los periodos Jurásico y Cretáceos (¡durante 265 Millones de años!) hasta su extinción hace 65 Millones de años. Esa extinción masiva preparo el terreno e hizo posible la emergencia de los pequeños mamíferos de Tierra, y finalmente nuestra propia especie de **Homo Sapiens Sapiens** hace 2 Millones de años (Ver **Capitulo 2**, *La Evolución de los Humanos*).

Orígenes de la vida en la Tierra

¿Estamos listos para echar un vistazo de cerca a los orígenes de la vida en la Tierra (¡y en el Universo entero, muy probablemente!)? Muy bien, empecemos con la ayuda del árbol evolutivo de **Figura 2**. A propósito, hemos observado que la gran mayoría de los animales tienen dos ojos, una nariz, dos orejas, un corazón, el órgano de los pulmones, una boca rodeada de dientes, dos brazos, dos piernas, un hígado, dos riñones, etc. ¿Una simple coincidencia? Consideremos lo siguiente:

> *Una gran mayoría de los biólogos creen que todos los organismos en la Tierra deben tener el mismo ancestro universal, porque sería virtualmente imposible que dos o más formas pudieran haber desarrollado los mismos mecanismos bioquímicos complejos comunes and todos los organismos vivos.*[7][8]

Carbón y **agua**, eso es. La vida en la tierra está basada en Carbón y Agua. El carbón provee marcos estables para compuestos químicos, y es fácilmente disponible en el entorno, especialmente del dióxido de carbón (CO_2). El agua es un solvente excelente, y tiene dos propiedades muy útiles: (1) en su estado sólido como hielo flota en el agua, de esa forma haciendo posible que los organismos acuáticos puedan sobrevivir bajo el agua en el invierno, y (2) sus moléculas tienen terminales eléctricos positivos y negativos, algo que le facilita el formar una gran gama de compuestos, una gama mayor que la de cualquier otro solvente. ¿Entonces, cómo prosperó la vida? Para poder responder a esta pregunta la investigación se ha concentrado en tres posibles fuentes de actividad: (1) **auto-replicación**, la habilidad de un organismo de producir organismos con características similares, (2) *metabolismo*, la habilidad del organismo de alimentarse y repararse a sí mismo, y (3) *membranas externas* que permiten la entrada de nutrientes, la salida de productos desechos y residuos, y que niegan entrada a sustancias no deseadas.

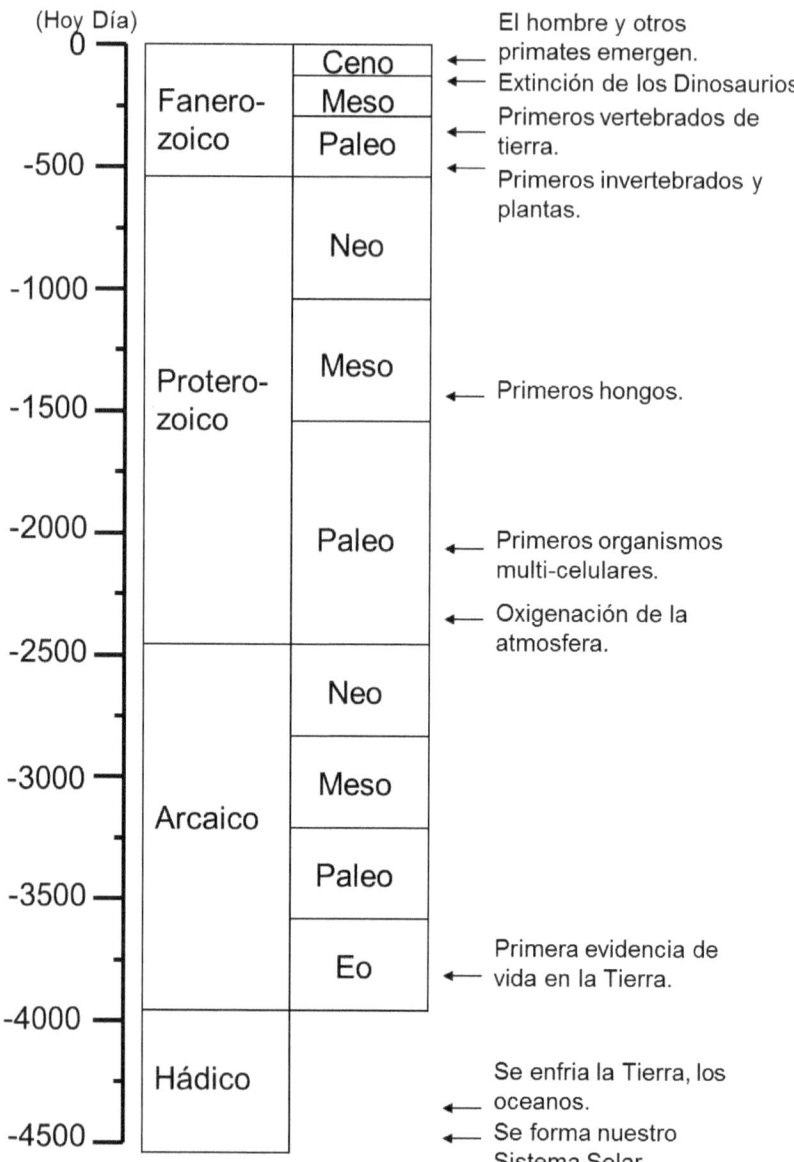

Figura 1. Historia de la Tierra y su Vida of Earth.[2]

Capítulo 3: Orígenes de la Vida

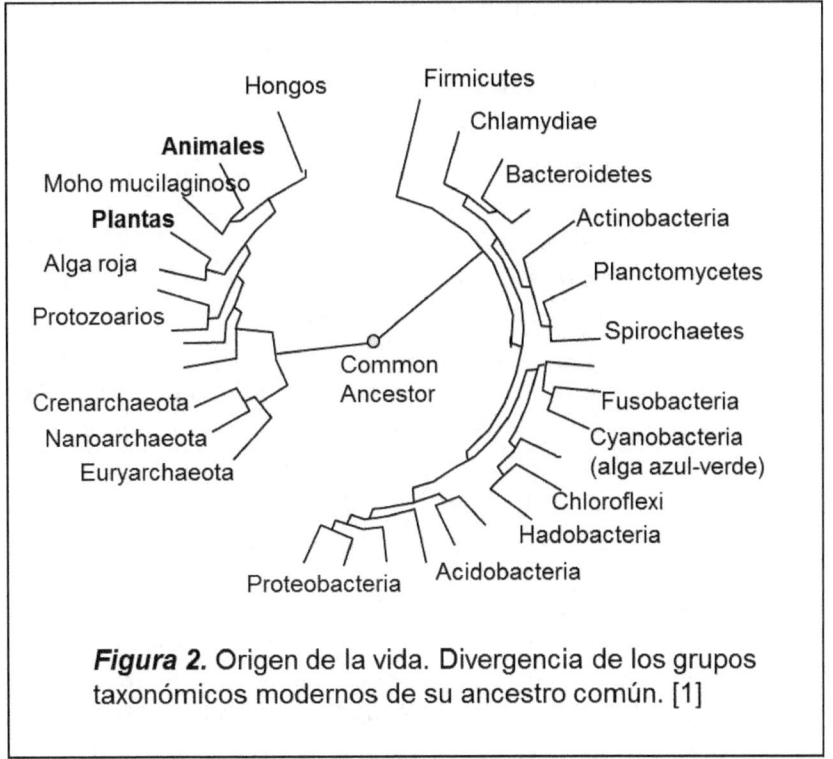

Figura 2. Origen de la vida. Divergencia de los grupos taxonómicos modernos de su ancestro común. [1]

Auto-Duplicación

Hasta los organismos más simples utilizan el *ADN* (Ácido Desoxirribonucleico) para guardar sus "instrucciones de diseño", y los grupos complejos de *ARN* (Ácido RiboNucleico), y moléculas de proteínas para "leer" esas instrucciones y para utilizarlas en el crecimiento, mantenimiento, y la auto-replicación misma. Notable fue el descubrimiento que indicaba que algunas moléculas ARN pueden catalizar ambas (1) sus propias auto-replicaciones, y (2) la construcción de proteínas, un descubrimiento que dio origen a la hipótesis de otras formas de vida anteriores, más primitivas, basadas en ARN completamente.[9]

Metabolismo

¿Ha oído el lector de formas primitivas de vida que empezaron a grandes profundidades bajo el mar, cerca de emisiones de agua ricas en sulfuro en el suelo del océano? Bueno, tenemos aquí un extracto de investigación en proceso:

> *Una serie de experimentos que empezaron en 1997 demostraron que las primeras etapas en la formación de proteínas a partir de materiales inorgánicos que incluyen monóxido de carbono y sulfuro de hidrogeno pueden obtenerse utilizando sulfuro de hierro y* **sulfuro** *de níquel como catalizadores. La mayoría de las etapas y pasos requerían temperaturas alrededor de 100ºC (212ºF) y presiones moderadas, aunque una etapa requería 250ºC y una presión equivalente a esa encontrada bajo 7 kms. (4.3 millas) de roca. Por ello se ha sugerido que la* **síntesis auto-sostenida de proteínas** *pudiera haber ocurrido cerca de respiraderos acuíferos.*[10]

Primero las Membranas

La protección de formas orgánicas vivientes con **tejidos de piel** pudo ser esencial en el éxito de esos primeros organismos. Burbujas con **paredes dobles de lípidos**, similares a formas de membranas externas en las células pudieron desarrollar un papel esencial. Experimentos que han simulado condiciones en la Tierra primordial han producido resultados que muestran como los lípidos pudieron crear espontáneamente liposomas, burbujas de paredes dobles, y a continuación reproducirse. Ciertamente, estos no son transportadores de información como lo son los ácidos nucleicos, pero estarían sujetos a una selección natural de longevidad y reproducción. Se contempla que los ácidos nucleicos como el RNA a continuación se formarían más fácilmente dentro de los liposomas.[11][12]

Evolución de la reproducción sexual

El oxígeno finalmente entra en esta cadena de eventos para desempeñar un papel esencial en la formación de la vida hace unos 2.400 Millones de años, tal que la oxigenación de la atmosfera se convierte en un requisito en la evolución de los **eucariotas**, organismos complejos de una sola célula que más tarde prepararían el camino para la aparición de organismos multi-celulares. Dos principales características de la reproducción sexual en eucariotas son la *meiosis* y la *fertilización*:

> *Es mucha la recombinación genética en este tipo de reproducción, en la cual existe un 50% de los genes de cada padre, en contraste con la reproducción asexual en la cual no existe tal recombinación. Las bacterias también intercambian ADN a través de conjugación bacterial, cuyos beneficios incluyen resistencia a antibióticos y a otras toxinas, así como la habilidad de utilizar nuevos metabolitos... Por otro lado, las desventajas de la reproducción sexual son bien conocidas: la recombinación genética puede llegar a romper combinaciones de genes favorables. Aun así, la gran mayoría de animales, plantas, y hongos se reproducen sexualmente. Existe **una evidencia fuerte de que la reproducción sexual surgió al principio de la historia de los eucariotas** y que los genes que controlan tal proceso han cambiado muy poco desde entonces.* [13][14]

Organismos Multi-celulares

Organismos multi-celulares evolucionaron independientemente en forma de esponjas, hongos, plantas, cianobacterias, moho de limo, y mixobacteria, como se muestra en la ***Figura 2***. Las ventajas de este proceso incluyen: (1) una distribución más eficiente de nutrientes que son digeridos fuera de la célula, (2) un aumento en la resistencia a predadores muchos de los cuales atacan tragando, (3) la habilidad de resistir a corrientes agarrándose a superficies firmes, (4) la habilidad de crear un entorno interno que da protección contra el entorno externo, y (5) la oportunidad para un grupo de células de comportarse "inteligentemente" compartiendo información. Estas características muy probablemente también proveen oportunidades de diversificación a otros organismos.[15]

Aquí vienen los Animales

Sí, efectivamente, los animales son ***eucariotas multicelulares*** y se distinguen de las plantas, algas, y hongos al no tener membranas celulares. También, todos los animales excepto las esponjas tienen cuerpos con diferentes partes que actúan como tejidos, incluidos **músculos** que mueven esas diferentes partes con contracciones, así como también ***tejido nervioso*** que procesa y trasmite información. Los primeros fósiles de animales aparecieron unos 580 Millones de años. Muchos eran planos, unos centímetros de largo, y tenían la apariencia de "colchas." Otros animales, sin embargo, han sido clasificados como como moluscos, equinodermos, y artrópodos. Entre los pequeños animales con carcasa o cascaron la **Claudina** muestra señales de defensas exitosas contra predadores, indicando así el principio de una ***carrera de armas evolutivas***.[16]

Primeros vertebrados de tierra

En esta categoría tenemos los ***Tetrápodos*** con cuatro patas o extremidades que evolucionaron del pez rhipidistian en un tiempo relativamente corto durante el periodo Ultimo Devoniano, hace unos 370 Millones de años.[17] Estos organismos retuvieron su habilidad acuática, como los renacuajos, un sistema visto aun hoy día entre los anfibios modernos:

> *Fósiles en buenas condiciones de* **Acanthostega,** *de hace* ***363 Millones de años****, muestran pulmones y agallas, pero muy probablemente no podían sobrevivir en tierra por el hecho de que sus extremidades, muñecas, y su articulación de tobillos eran débiles como para poder sostener sus cuerpos. Sus costillas también eran muy cortas para evitar que sus pulmones fueran aplastados por su propio peso, y su cola de pez hubiera sufrido daños al arrastrarla.* ***La actual hipótesis*** *es que los Acanthostega median un metro de largo, un predador acuático que cazaba en aguas poco profundas, que podían levantar su cabeza y respirar manteniendo sus cuerpo sumergido, que la cabeza no estaba articulada a*

la estructura del hombro, y que tenían un cuello de diferentes formas.[17]

Humanos

Es interesante saber que los humanos aparecieron mucho después en la larga trayectoria evolutiva, el producto de muchas evoluciones complejas, un largo proceso de transformación, y en parte gracias a la extinción de otras formas de vida:

> *La idea de que, junto con otras formas de vida, los humanos modernos evolucionaron de un ancestro común fue propuesta por primera vez por* **Robert Chambers** *en 1844 y a continuación aceptada por* **Charles Darwin** *en 1871. Los humanos modernos evolucionaron a través de una línea larga de simios (sin cola) que se remonta a más de 6 Millones de años atrás al* **Sahelanthropus**, *un homínido extinto hace 7 Millones de años, posiblemente en el tiempo de divergencia entre los chimpancés y los humanos, y hallado en* **Chad, África Central.** *Las primeras herramientas de piedra fueron hechas hace un 2,5 Millones de años por el Australopithecus, y fueron halladas a lado de huesos de animales que muestran cortes hechos por esas herramientas. Los primeros homínidos tenían cerebros del tamaño de los chimpancés, pero esos cerebros lograron cuatro veces aquel tamaño en los últimos 3 Millones de años.*[18][19]

(Ver **Capitulo 2, La Evolución Humana**).

Extinciones Masivas

¿Qué tienen que ver las extinciones masivas de vida con la evolución? Mucho. Ahora sabemos que la Tierra ha tenido una lista larga de extinciones desde hace 542 Millones de años:

> *Aunque en su tiempo fueron desastres desde muchos puntos de vista, las extinciones masivas de vida han acelerado la evolución de muchas especies en la Tierra. Cuando el dominio de un nicho ecológico pasa de un grupo de organismos a otro, raramente es porque el*

nuevo grupo "dominante" es superior al anterior. **Los humanos y otros mamíferos**, por ejemplo, pudieron avanzar en su evolución debido a la **extinción de los dinosauros** a consecuencia de un meteorito que impactó el Golfo de México hace unos 66 Millones de años... Los dinosaurios son un grupo diverso de animales de la clase Doinosauria. Aparecieron por primera vez durante el periodo Triásico, 231,4 Millones de años, y fueron los vertebrados terrestres dominantes durante 135 Millones de años, desde el principio del **Jurásico** (hace 201 Millones de años) hasta el fin del periodo Cretáceos (hace 66 Millones de años), cuando aquel evento llevó a la mayoría de los dinosaurios a su extinción al final de la era del Mesozoico. [20][21] (Ver **Capitulo 2, La Evolución Humana**).

Síntesis de Pensamiento y Conocimiento [Return]

¡**Enhorabuena**! Hemos conseguido leer este capítulo sobre los orígenes de la vida en la Tierra (y en el Universo, muy probablemente) con todas sus referencias. Unas observaciones personales:

- ¿Pudiéramos creer que es una simple coincidencia que la gran mayoría de los animales en nuestro planeta Tierra tienen dos ojos, una nariz, una boca, dos oídos, un corazón, un par de pulmones, cuatro extremidades, un sistema de genitales, etc.? Ahora sabemos que **no es una mera coincidencia** que todos(as) venimos de **un ancestro común** que existió hace millones de años, como **Robert Chambers** sugirió en 1844 y como **Charles Darwin** aceptó en 1871. Sí, durante siglos los líderes de las varias jerarquías religiosas y los "shamans" de tiempos pre-históricos nos han hecho creer que nosotros los humanos somos "especiales" seres creados por un dios todo-poderoso. Dado el poder y control de tales jerarquías religiosas en situaciones de ignorancia social no podíamos cuestionar tal coincidencia, lo podemos reconocer hoy día.

Capítulo 3: Orígenes de la Vida

- Increíble, pero cierto, nosotros los humanos y una gran mayoría de mamíferos procedemos de pequeños mamíferos, de la clase de los *lémures*, que existieron hace **60-65 Millones de años**, como consecuencia de la extinción de los dinosaurios en aquel entonces. Aquellos mamíferos vivían en pequeños agujeros y cuevas en la Tierra durante el día y salían durante la noche para evitar ser devorados por los dinosaurios.

- La vida surgió por primera vez hace unos 3.700 Millones de años, como lo demuestra el **grafito piogénico** hallado en Western Greenland. Esos millones de años han pasado desde el surgimiento de la vida hasta la evolución de los animales y plantas multi-celulares de hoy día. *Atrás queda el cuento y la fábula de la Biblia* en la que "Dios" creó la Tierra, los cielos, y al hombre en *"siete días."*

Capítulo 4: Componentes Básicos de una Célula

*"Nosotros(as) los **humanos** somos un 99.2% similares a un **chimpancé**, pero como Don Coffey (investigador en el Centro Hopkins) dice, ningún chimpancé ha escrito un concierto de piano. ¿Y por qué? Bueno, además de la **epigenetica**, ello es por cuestión del sistema de señales de nuestras células. Cuando estas señales se envían, estas alertan a los genes ("expresión") a realizar sus funciones. La mayoría de las enfermedades ocurren al final del día, iniciadas por estas señales que a veces varían el ADN de la persona."*

--***John Groopman***, revista científica del Johns Hopkins Hospital, artículo: *"The Genetic Journey"*

Introducción

¿Estamos listos para identificar los elementos básicos de una célula humana y sus funciones? Muy bien, vamos a por ello. Una célula es la unidad biológica más pequeña que puede reproducirse por sí misma e independientemente, y como tal las células son conocidas como los *"**ladrillos constructores de la vida**."* Cada persona está construida con 10 Trillones (10^{12}) de células en su cuerpo, tal que cada célula mide entre 1 y 100 micrómetros, por lo que es visible solamente con la ayuda de un microscopio. Temas de este capítulo:

Contenidos:
- Componentes de una célula
- Ciclo de vida de las células
- Una representación de la Ingeniería de Sistemas
- Síntesis de Pensamiento y Conocimiento, con Preguntas

Fue el científico **Robert Hooke en 1665** quien descubrió la célula, seguido por ***Matthias Jakob Schleiden*** y ***Theodor Schwann en 1839*** quien desarrollo la *teoría de la célula*.

Pregunta. ¿Porque la evolución escogió el tener toda la información a ser heredada en cada una de esas 10 Trillones de células, en vez de decidirse por alojar esa información en un solo órgano, por ejemplo.

Componentes de una Celula

Una célula es como una "factoría", compuesta de varios componentes, y cada componente tiene sus propias funciones y rol a desemplear dentro de esa célula. Para empezar, consideremos los componentes de una célula en la ***Figura 1***. Esa lista de componentes es la siguiente:[2]

Capítulo 4: Componentes Básicos de una Célula

1. Nucleolo
2. Núcleo
3. Ribosoma
4. Vesicula
5. Reticulo endoplasmatico rugoso (RER)
6. Aparato Golgi
7. Citoesqueleto
8. Reticulo endoplasmatico liso (REL)
9. Mitocondria
10. Vacuola
11. Citosol
12. Lisosoma
13. Centrosoma, y
14. Membrana celular.

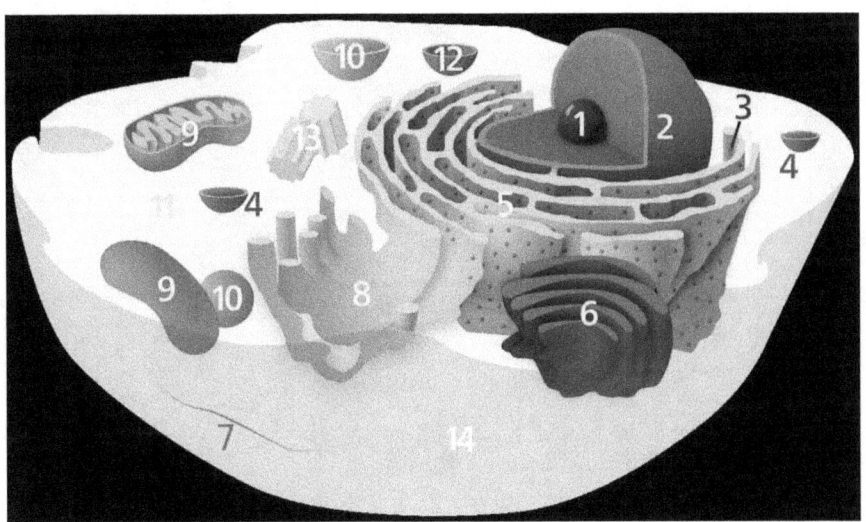

Figura 1. Diagrama de los componentes de una célula humana. [1]

1. **Nucléolo:** La estructura mayor en el núcleo de una célula *eucariota*, el lugar de síntesis del ribosoma; otras importantes funciones son las de samblaje de partículas señales, y la de responder al estrés celular; hecho de proteínas, DNA, y RNA en regiones de cromosomas.

2. **Nucleus:** Un **orgánulo** central en una célula eucariota, y que contiene la mayoría del AND de la célula; contiene un total de 22,000-25,000 genes, cada uno con una secuencia larga de los cuatro ácidos nucleicos: **Adenina (A), Citosina (C), Guanina (G), and Timina (T)**.

3. **Ribosoma:** Una maquina molecular dentro de la célula que sirve de lugar para la síntesis de proteínas biológicas ("*traducción*); estas estructuras moleculares conectan amino ácidos en el orden indicado por las moléculas mensajeras de RNA (mRNA); consiste de dos componentes: (1) la unidad ribosoma que lee el RNA, y (2) otra unidad que aglomera los ácidos aminos para formar una cadena polipéptido.

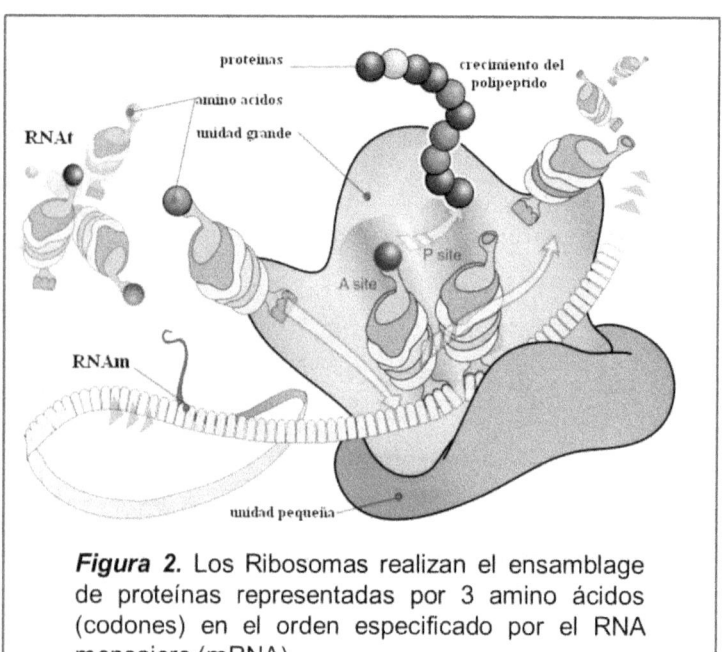

Figura 2. Los Ribosomas realizan el ensamblage de proteínas representadas por 3 amino ácidos (codones) en el orden especificado por el RNA mensajero (mRNA).

El RNA del núcleo entra (*input*) el ribosoma donde es sintetizado como se muestra en la **Figura 2**, y a continuación produce proteínas (*output*) en el orden designado por el mRNA.

4. **Vesícula:** Estas son pequeñas estructuras dentro de la célula que consisten de fluido dentro de dos capas de lípido; son

herramientas básicas para organizar y transportar substancias (ej., transporte de *proteínas* desde el RER hasta el aparato de Golgi); participa en funciones de metabolismo y almacenamiento de enzimas.

5. *Retículo endoplásmico rugoso (RER):* Un tipo de orgánulo que forma una red interconectada de estructuras cisterna, entre sus *funciones* es la de síntesis y exportación de proteínas al aparato de Golgi, así como a los lípidos de la membrana y a otros orgánulos.

6. *Aparato de Golgi:* Es un orgánulo que aparece en la mayoría de las células eucariotas; descubierto en 1897 por el científico Italiano *Camillo Golgi*; entre sus funciones es la de empaquetar proteínas recibidas del RER a forma de vesículas que son enviados a otras partes de la célula, así como también fuera de la membrana celular; es decir, actúa como una "*casa de correos*" para enviar proteínas; también involucrado en síntesis de lisosomas y en el transporte de lípidos.

7. *Citoesqueleto*: Una membrana del citoplasma compuesta de 3 proteínas para permitir el crecimiento de la célula; entre sus *funciones*, dar forma y resistencia mecánica a la célula, así como también involucrada en dar señales, en segregar cromosomas durante la división de la célula, la de una pared de protección, y el asistir a la contracción de músculos.

8. *Retículo endoplásmico liso (REL)*: Entre las funciones de este componente está la de sintetizar (output) lípidos, fosforolipidos, y *esteroides*, como es caso de las células de los testículos y ovarios; también realizar el metabolismo de carbohidratos, detoxificacion de alcohol y drogas, y el transporte de proteínas sintetizadas al aparato Golgi.

9. *Mitocondria:* Un orgánulo que produce energía, dejándola salir en forma de of ATP (Adenosine Trifosfato).

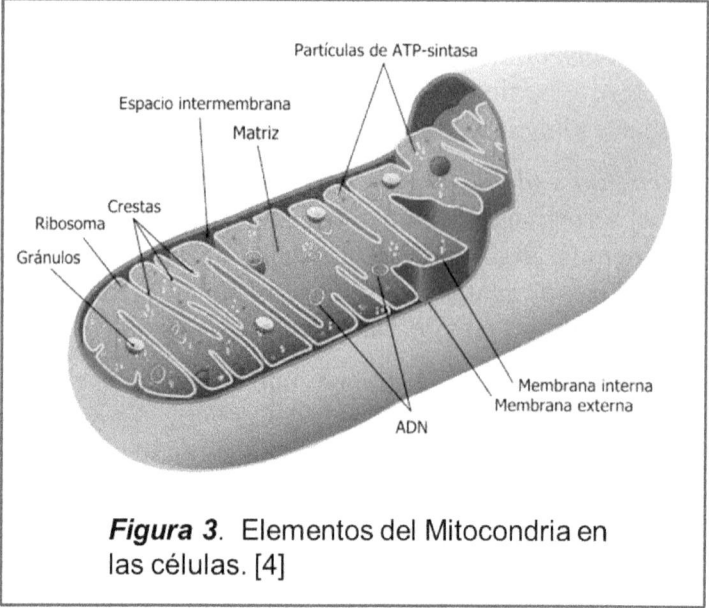

Figura 3. Elementos del Mitocondria en las células. [4]

Observamos como la mitocondria tiene 3 membranas, como se muestra en **Figura 3**; su función más importante es la de producir energía y transportarla dentro de la célula, la promoción del metabolismo (i.e., energía para la síntesis de proteínas, movimiento de la célula, la división de la célula, etc.); el genoma de la mitocondria tiene 37 genes que reflejan la historia de solamente las mujeres en una población; entre sus *funciones:* (1) regular el metabolismo de la membrana, (2) síntesis de esteroides, y (3) responder a señales de hormonas.

10. ***Vacuola:*** Un orgánulo con membrana, llena de agua que contiene moléculas inorgánicas; entre sus funciones, aislar materiales que puedan ser perjudiciales para la célula, almacenamiento de productos basura, mantenimiento de niveles de ácido, exportar substancias no deseables fuera de la célula, así como un papel principal de ***autofagia*** y reciclaje de componentes no-funcionales de la célula.

11. ***Citosol:*** Un líquido, casi todo agua, dentro de la célula y su citoplasma; entre sus funciones (1) ***emisión de señales***, un proceso mediante el cual la señal física o química se transmite a través de la célula con eventos moleculares hasta

conseguir una respuesta, y (2) el transporte de *metabolitos* dentro de la célula.

12. **Lisosoma:** Un orgánulo con membrana, Redondo; entre sus funciones: (1) actuar como dispositivo de emisión de productos basura usando una variedad de enzimas, (2) la digestión de material celular obsoleto, y (3) la autofagia para eliminar estructuras dañadas de la célula.

13. **Centrosoma**: Un orgánulo que actúa como centro organizador; entre sus funciones (1) interactuar con los cromosomas, y (2) asegurar la división correcta de las células.

14. **Membrana de la célula**: Una membrana biológica que separa a la célula de su exterior; entre sus funciones (1) anclar el citoesqueleto para dar forma a la célula, y (2) regular todo aquello que entra y sale de la célula.

Ciclo de vida de las células   [Return]

¿Alguna vez hemos pensado sobre los días o meses de vida de las células? ¿Días Meses, Años? Mostramos en la *Tabla 1* el ciclo de vida de las células en los diferentes tejidos del cuerpo humano.

> *"Todos(as) hemos tenido la experiencia de cortarnos y ver como células nuevas reemplazan las células dañadas. Y también damos sangre a otras personas sin dañar nuestro sistema circulatorio. Estos ejemplos apuntan a la regeneración de las células, algo que es característico en diferentes tejidos y en diferentes condiciones, pero que demuestran claramente que para muchas células la renovación es parte de su función. Para ser más concreto, las células de nuestra piel constantemente se renuevan. Las células rojas repetidamente hacen su viaje a través de nuestro sistema circulatorio con un ciclo de vida de 4 meses; tal que ¡**100 Millones de células rojas se renuevan en nuestro cuerpo cada minuto**! El reemplazamiento de nuestras células también ocurre en la mayoría de nuestros tejidos de nuestro cuerpo, aunque células en las lentillas de nuestros ojos, y las neuronas en nuestro sistema nervioso*

*central son excepciones. Una colección de periodos de reemplazamiento de las células de nuestro cuerpo se muestran en **Tabla 1**.*"[5]

Tabla 1. Vida de las varias celulas en el cuerpo humano.[5]

TIPO DE CÉLULA	ESPERANZA DE VIDA
Granulocitos: eosinófilos basófilos, neutrófilos	10 horas a 3 días
Células del revestimiento del estómago	2 días
Espermatozoides	2-3 días
Células del revestimiento del estómago	2 días
Colon Células	3-4 días
Epitelios del intestino delgado	1 semana o menos
Plaquetas	10 días
Células epidérmicas de la piel	2 - 4 semanas
Linfocitos	2 meses - un año (muy variable)
las células rojas de la sangre	4 meses
Células del revestimiento del estómago	2 días
Macrófagos	Meses - años
Células endoteliales	Meses - años
Células del páncreas	1 año o más
Células óseas	25 - 30 años

Una representación de Ingeniería de Sistemas [Return]

¿Listos para diseñar otra representación de Ingeniería de Sistemas de los componentes de una célula? ¡Fabuloso! Veamos esta representación en la *Figura 4*. Observamos, sin embargo, que solamente unos pocos componentes están conectados entre sí; el sub-sistema Núcleo, por ejemplo, está conectado al sub-sistema Ribosoma; el Ribosoma envía partes no-funcionales de la célula (output) al Lisosoma sub-sistema (input); el sub-sistema Vesícula envía proteínas y lípidos al sub-sistema Golgi, y así sucesivamente.

Tenemos, sin embargo, muchas preguntas respecto a los "estados", "inputs", y "outputs" de los varios sub-sistemas o componentes. El sub-sistema Mitocondria, por ejemplo, no muestra ningún input procedente de otros sub-sistemas, dentro o fuera de la célula. Entonces, como es el Mitocondria activado para enviar esteroides al REL sub-sistema. Ambien, ¿Cuál es el "estado del sub-sistema Mitocondria?

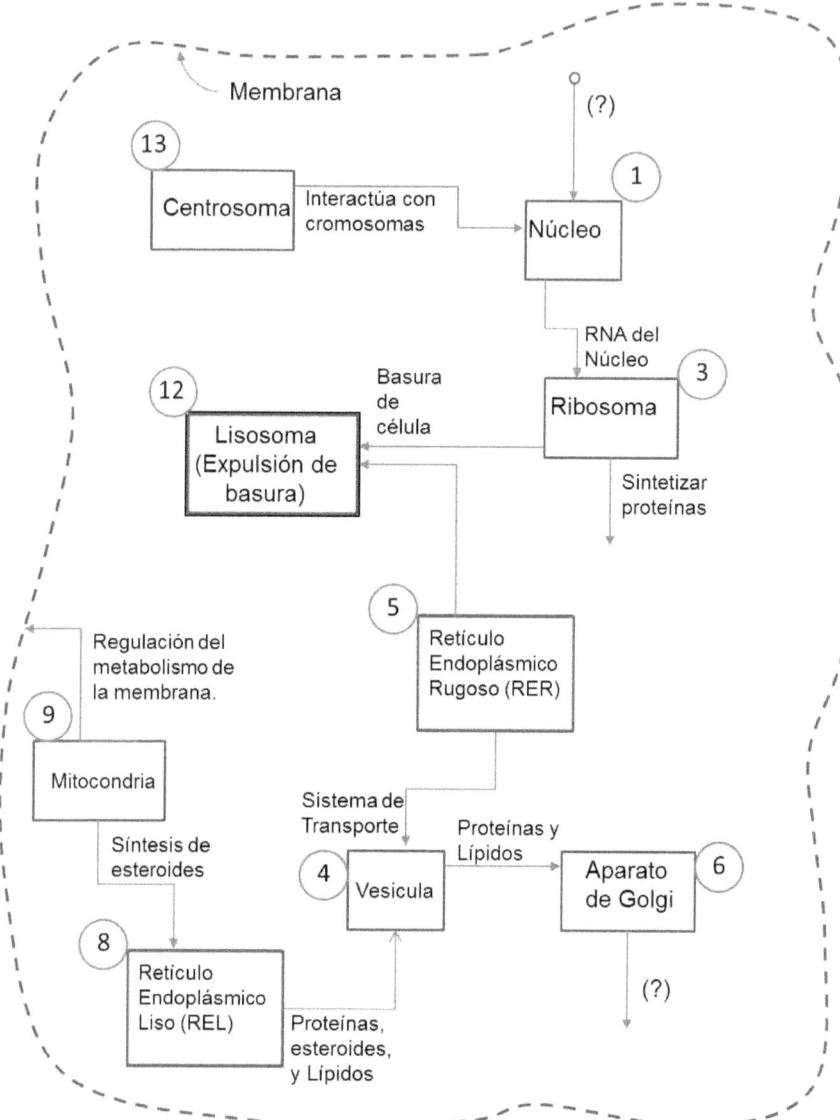

Figura 4. Una representación de Ingeniería de Sistemas de los componentes de una célula y sus funciones.

Síntesis de Pensamiento y Conocimiento, con Preguntas [Return]

Mucha investigación se ha realizado en los últimos 150 años en la materia de componentes de la célula y sus funciones por parte de

Capítulo 4: Componentes Básicos de una Célula

muchos científicos(as) en muchos países. Así mismo, la investigación sobre el ADN está avanzando rápidamente en los últimos 25 años. Aun así, quedan muchas, muchísimas, preguntas a hacer y satisfacer. En esa dirección, en esta sección hacemos algunas de esas preguntas.

Conocimiento logrado (Cosas que ya sabemos)

En los últimos 100 hemos observado y aprendido un número de eventos y hechos sobre nuestras células:

Hecho 1: Ahora sabemos que todos los animales y plantas están constituidos por células.

Hecho 2: La gran mayoría de las células contienen AND, y la estructura del ADN consiste de largas secuencias de los 4 nucleótidos: ***Adenine (A), Cytosine (C), Guanine (G), y Thymine (T)***.

Hecho 3: Las diferentes células en nuestro cuerpo tienen diferentes ciclos de vida, durando días, meses, o años de vida.

Una lista de preguntas, para empezar (Cosas que no sabemos)

Una larga lista de preguntas queda por hacer, como es el *Estado* (contenidos), los *Inputs* (i.e., señales y materiales recibidos), y los *Outputs* (i.e., moléculas sintetizadas y procesadas) de los varios componentes de las células:

Pregunta 1: ¿Cuáles son los "Estados" de los varios componentes de una célula? ¿Cada componente tiene un solo *Estado*, o este varia con el tiempo y señales recibidas? El componente Ribosoma, por ejemplo, pudiera tener 3 Estados: (1) Inactivo, (2) Sintetizando, y (3) esperando, dependiendo de la función a realizar.

Pregunta 2: ¿Todos los componentes reciben *Inputs* de otros componentes dentro de la célula, o algunos componentes reciben inputs de estructuras fuera de la célula, y si este es el caso, cuáles son esos Inputs (e.g., calor, señales químicas, proteínas, etc.)

Pregunta 3: ¿Cómo es que una célula recibe sus **nutrientes** (e.g., proteínas, energía, agua, otros), y cuales componentes reciben estos nutrientes directamente?

Pregunta 4: ¿Cómo sabe un componente cuando necesita reciclar algunos de sus partes, reconstruir su estructura?

Pregunta 5: ¿Ocurre que un componente de célula sintetiza una proteína y a continuación la envía a otro componente, o debe esperar a recibir una señal (input) de ese otro componente? Estamos preguntando, entonces, si un componente actúa ***independientemente***, por sí mismo, o debe recibir primera una señal de otro componente.

Pregunta 6: ¿Cómo son el trabajo y las funciones de una célula **coordinadas**, o no coordinadas, con las funciones de otras células? ¿Existe un "sistema central" de coordinación de procesos celulares?

En los siguientes capítulos y secciones tendremos la oportunidad de visitar estas preguntas, con la contribución de otros descubrimientos científicos y factores ambientales. ***Aurrera***!

Capítulo 5:
Reproducción de la vida, la factoría ADN

El ADN ni sabe ni le importa lo que ocurre. El ADN hace lo suyo. Nosotros simplemente bailamos con su música.
— **Richard Dawkins**, *Una vista Darwiniana de la Vida (River Out of Eden: A Darwinian View of Life)* (1995), página 133.

El ADN fue la primera maquina Xerox de tres dimensiones.
— **Kenneth Ewart Boulding**, como ha sido citado Richard P. Beilock (ed.) *Ilustrando las Economias: Fieras, Cantos, y Aforismos* (1980, 2010), página 160.

Todos los organismos vivientes en nuestro planeta Tierra, incluidos los animales y las plantas, están constituidos con cuatro elementos de nitrógeno llamados nucleótidos: *Adenina* (A), *Thymine* (T), *Guanine* (G), and *Citosina* (C). ¿Las plantas también? Sí, un definitivo sí. A su vez, estos cuatro elementos se organizan en combinaciones de nombre *Acido DeoxyriboNucleico (ADN)* que sirven para guardar información utilizada en la replicación de la vida. Codificado dentro del ADN están las instrucciones para replicar las características de cada persona, incluidos el color de los ojos, el color de su piel, susceptibilidad a ciertas enfermedades, así como el tipo de fruta en un árbol, y el color de una flor. Todas son características manipuladas por las varias jerarquías de las estructuras religiosas durante miles de años. En este capítulo propongo que reemplacemos la especulación, la conjetura, y la manipulación con el conocimiento científico adquirido en los últimos 100-150 años. Hacia ese objetivo presentamos los siguientes temas:

Contenidos:
- **Nucleótidos**
- **Tiras de ADN**
- **Cromosomas**
- **Empaquetamiento de ADN**
- **Reproducción del ADN**
- **Genes**
- **Proyecto Genome**
- **Síntesis de Pensamiento y Conocimiento**

Nucleótidos

Gracias al gran trabajo de investigación de nuestros biólogos evolutivos y otros investigadores en los últimos 100-150 años, ahora sabemos que las moléculas de ADN residen principalmente dentro del núcleo de nuestras células. Cada molécula de ADN contiene muchos componentes, una porción de los cuales son transferidos desde los organismos padres a los organismos hijos durante el proceso de reproducción. Empezamos nuestra descripción del ADN con los componentes de un nucleótido como se muestran en *Figura 1 (a)*, constituidos por 3 componentes primarios: (1) una región que

Capítulo 5: Reproducción de la Vida, la factoría ADN

contiene nitrógeno y llamada *base de nitrógeno*, (2) una molécula de azúcar con base de carbón y llamada *deoxyribose*, y (3) un componente de fosforo llamado *grupo fosfórico*. ¿Cuántos nucleótidos de ADN? Cuatro, cada uno definido por su base especifica de nitrógeno: *Adenina* (representada por el símbolo *A*), *Thymine* (*T*), *Guanina* (*G*), y *Citosina* (*C*), como es ilustrado en *Figura 1 (b)*.

Todas estas cuatro moléculas deben su estructura y capacidad de adhesión a la composición de la molécula de azúcar la cual contiene 5 partes de carbón organizadas en la forma de un anillo, and denominadas 1' (1 "prime"), 2', 3', 4', y 5'. De estos, el 5' es significante en particular porque al lado del grupo fosfórico esta adherido al nucleótido. Al otro lado del 5', pero en el otro lado del anillo deoxyribose, está el 3' carbón que no está adherido al grupo fosfórico, y cuando los nucleótidos se unen en serie ellos forman una estructura de una sola tira de nombre *polynucleotide*, como se muestra en la *Figura 1 (C)*.

All these four molecules owe much of their structure and bonding capabilities to the composition of the sugar molecule which contains 5 carbon items arranged in the shape of a ring, denominated 1' (1 "prime"), 2', 3', 4', and 5'. Of these, the *5'* carbon atom is significant because next to it the phosphate group is attached to the nucleotide. Opposite to the 5' carbon, but on the other side of the deoxyribose ring, is the 3' carbon which is not attached to the phosphate group, and when nucleotides join together in series they form together a structure called a single-stranded *polynucleotide*, as shown on *Figure 1 (c)*.

A propósito, en el área de sistemas de información de hoy día, en la edad moderna de la información, lo hacemos todo con 2 elementos solamente, no con 4 elementos: 0 (zero) y 1. Toda la información textual y grafica es guardada, replicada, transmitida, y leída usando solamente esos dos niveles de voltaje, 0 (voltaje bajo) y 1 (a nivel de voltaje mayor). Por ejemplo, para texto y representación de números usamos:

Texto:	*Representation de data:*
A	01100001, es decir, 8 dígitos binarios (0 y 1)
B	01100010
C	01100011, y así sucesivamente.

Números:

1	00000001
2	00000010
3	00000011, y así sucesivamente.

¿Por qué la *evolución* decidió utilizar esos 4 elementos (A, T, C, y G) para guardar, replica, transmitir, y leer la información necesaria para sostener la vida? ¿Acaso el proceso de evolución trató en un principio utilizar tan solamente 2 elementos y a continuación se decidió por 4 elementos? O tal vez, ¿fue el proceso de evolución el que empezó con varios elementos, y después de una manera progresiva fue ganando eficiencia en el uso de energía, espacio, y de la información hasta reducir el número de elementos a 4 solamente? También, ¿pudiera ser que si el proceso de evolución obtiene suficiente tiempo en su desarrollo, reduciría el número de elementos a 2 elementos solamente, digamos A y T, por ejemplo?

Tiras de ADN

Estabilidad química y functional. La molécula ADN reside en tiras de polynucleótidos, pero estos ganan estabilidad química y funcional cuando se adhieren entre sí para formar polyonucleotidos de 2 tiras (tiras dobles), como se muestra en ***Figura 1 (d),*** tal que las regiones de nitrógeno en un polynucleótido se adhieren a las regiones de nitrógeno en el otro nucleótido usando vínculos químicos llamados ***vínculos de hidrogeno***.

Capítulo 5: Reproducción de la Vida, la factoría ADN

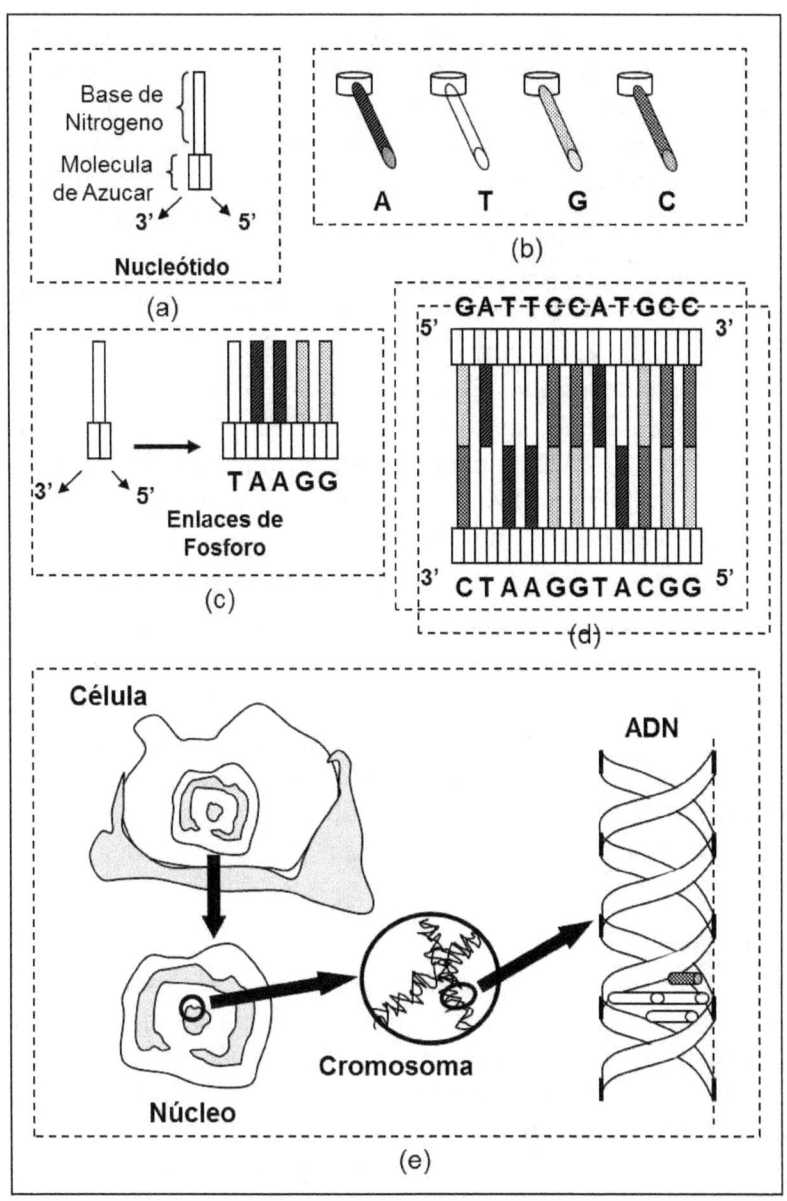

Figura 1. Componentes de ADN [1]

Y aquí viene otro conocimiento interesante: el vínculo de base-a-base no es un proceso aleatorio, pues el vínculo ocurre que el elemento T en una tira siempre se aparee con un elemento C en la otra tira, y cada elemento C en una tira se aparea con un elemento G en la otra tira. De esta forma la nueva estructura toma la forma de "una escalera", como se muestra en **Figure 1 (d)**. Otra interesante característica de esta escalera de nucleótidos es que se tuerce para adquirir una forma de 3 dimensiones llamada "doble hélice" ("***doublé hélix***"), como aparece en **Figura 1 (e)**. Más sobre esta forma "torcida" en las siguientes secciones.

Figuras prominentes en esta área de investigación han sido Rosalinda Franklin y el equipo compuesto por James Watson y Francis Crick. ***Rosalinda Franklin*** (1920-1958)[1], una mujer Inglesa de origen Judío, logró ese conocimiento crítico sobre la forma y función del ADN, siendo conocida también por su trabajo con imágenes del ADN utilizando difracción de rayos X, un trabajo que culminó en el descubrimiento de la forma "doble hélice" del ADN. ***James Dewey Watson*** (1928-)[2], un biólogo molecular Americano, genetista, y zoólogo, y ***Francis Crick*** (1916-2004)[3], un biólogo molecular Ingles, recibieron el ***Premio Nobel 1962*** in fisiología y medicina "por sus descubrimientos sobre la estructura molecular de ácidos nucleicos y su importancia en la transferencia de información en organismos vivientes." Watson y Crick finalmente usaron Franklin's imágenes de rayos X, combinado con su propio trabajo, para descubrir la forma de doble hélice del ADN.

Cromosomas

Un ser humano contiene **100 Trillones de células (1 x 10^{11} células),** y a su vez son un gran número de nucleótidos los que residen dentro de cada célula, dentro de su núcleo. ¿Cómo es posible almacenar todo ese contenido de ADN dentro de una célula? Estamos preguntando, entonces, ¡¿cómo se puede almacenar todo ese contenido de ADN dentro del espacio pequeñísimo del núcleo de una célula?! Bueno, el ADN de doble tira está retorcido y comprimido a través de un proceso llamado "super espiral" (super coiling), y a continuación es organizado en estructuras llamadas ***cromosomas***. En un ser humano residen un total de 23 cromosomas, incluidos los cromosomas X e Y, y todas estas estructuras aparecen con forma de doble hélice.

Empaquetamiento de ADN

Durante el proceso de empaquetamiento del ADN las tiras largas están enrolladlas, comprimidas, y dobladas para que tengan cabida dentro de la célula. En los Eurkariotes –es decir en los humanos – esto se hace enrollando el ADN alrededor proteínas especiales llamadas **histones**. A continuación estos histones son comprimidos aún más en otro proceso llamado **super embobinado** *("supercoiling")*.

Reproducción del ADN

En este proceso se producen dos replicas idénticas a partir de una molécula ADN original:

> *Este proceso biológico ocurre en todos los organismos vivientes y constituye la base de la herencia biológica. El ADN está compuesto de dos tiras y cada tira de la molécula ADN original sirve como una plantilla para la producción de una tira complementaria. Revisión de las células y mecanismos para encontrar errores aseguran una fiabilidad casi perfecta para replicar ADN. En una célula, la replicación de ADN empieza en lugares determinados, en el genoma. Desenrollando el ADN al principio y origen de las nuevas tiras resulta en una bifurcación desde ese origen. Un número de proteínas están asociadas con esa bifurcación ayudando en la iniciación y continuidad de la síntesis del ADN. Destaca en su importancia la adición de nucleótidos complementarios a la plantilla de la nueva tira para ayudar en el proceso de síntesis.* [4][5]

Como ya indicamos anteriormente, las tiras de la doble hélice son "anti-paralelas", ya que una va del 5' al 3', y la otra tira va del 3' al 5', como se muestra en Figura 2. Estos dos elementos hacen referencia a los átomos en el deoxyribose acido al cual el nuevo fosfato en la cadena se adhiere. Tres son las fases reconocidas en el proceso de replicación: (1) iniciación, (2) elongación, y (3) término, con la participación de un numero significante de encimas, como mostramos a continuación. [6]

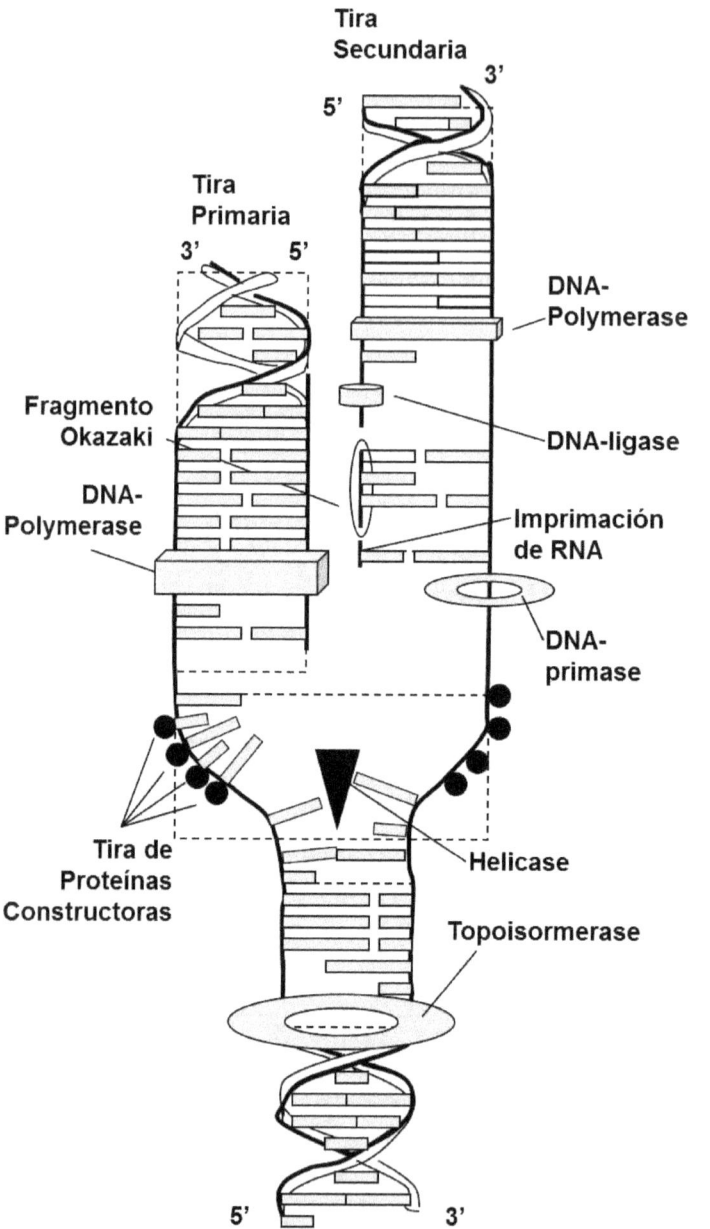

Figura 2. Duplicación de ADN y Enzimas

Enzima:	*Función en la replicación de ADN:*
ADN Helicase:	También conocida como una enzima para desestabilizar la hélice. **Desenrolla la doble hélice del ADN** en la bifurcación para la replicación.
ADN Polymerase:	Construye una nueva tira de AND añadiendo *nucleótidos* en la dirección 5' a 3'
Grapa de ADN:	Una proteína que evita que el ADN Polymerase III se desconecte de la tira original de ADN.
Proteínas adhesivas:	Se adhieren al ADN para evitar que la doble hélice de ADN vuelva a su forma original después de que el ADN Helicase la haya desenrollado, y de esta forma manteniendo las dos tiras separadas.
Topoisomerase:	Ayuda al ADN a aflojarse y desenrollarse de su forma super-embobinada.
DNA Gyrase:	Ayuda a suavizar el "stress" de desenrollar el ADN helicase. Es un tipo específico de topoisomerase.
DNA Ligase:	Establece las tiras y adhiere *fragmentos Okazaki* a las tiras.
Primase:	Provee un punto inicial al RNA (o ADN) para que el ADN polimerasa empiece la *síntesis* de la nueva tira de ADN.
Telomerase:	Aumenta la longitud del ADN añadiendo secuencias de pares de nucleótidos al final de los cromosomas.

Genes [Return]

Un *gene* es una sección de la molécula AND de dos tiras (doble helice ADN). Como tal, un gene está compuesto por cientos o miles de nucleótidos, todos juntos en una secuencia. Se le llama también una *unidad de herencia* en organismos vivientes. Los genes contienen la información necesaria para construir y mantener las células de un organismo y para pasar características genéticas a la siguiente generación. Algunas de estas características genéticas son el color de los ojos, número y forma de extremidades, susceptibilidad a algunos virus es, así como capacidad para la manufactura de miles de proteínas y enzimas esenciales para la vida. Los genes "grandes" kb, es decir, 500.000 pares de elementos. Uno de los genes más largos es el de la distrofina con 2,3 Millones de pares de elementos (Mb).

Tres pasos son esenciales en el proceso de guardar información y después usarla para producir una proteína o enzima: (1) caracterización del gene, (2) transcripción, y (3) traducción.

Caracterización del Gene. Este es el proceso de producir una molécula de RNA o una proteína que funcione biológicamente, tal que el resultado es un gene. ¿Cómo sabe este proceso cuando un gene empieza y cuando termina dentro de una tira (*strand*) larga de ADN que está dentro de un cromosoma? Sabemos hoy día que existen combinaciones de 3 nucleótidos de nombre **codons**, cada uno correspondiendo a un ácido amino o una señal. Sabemos también que algunas de estas combinaciones no producen amino acido alguno, pero que alertan a la maquinaria de traducción de que el fin del gene se ha logrado. Otra combinación de nucleótidos con las bases A-T-G, conocida con el nombre de "**codón para empezar**" alertan a la maquinaria de traducción para que empiece a transcribir (a copiar). ¿Cuántas son las posibles combinaciones de 3 nucleótidos dado que son 4 los nucleótidos? Fácil. El número de permutaciones de 3 partiendo de un total de 4 nucleótidos:

Permutación (3, 4) = (4!) /(4-3)! = (4!)/(1!) = 4x3x2 =24

tal como (GCT), (ACG), (GAG), (GAT), etc. Por lo tanto, pueden ser un total de **24** codones pero solamente **20** acido aminos, por lo que algunos de los codones son redundantes. Una nota interesante al respecto es que la correspondencia entre codones y sus amino ácidos es casi universal entre todos los animales vivientes.

En el proceso de *transcripción genética* una sola tira de molécula RNA (RyboNucleic Acid) conocida con el nombre de *RNA mensajera*, o *mRNA*, se llega a producir, con una secuencia de nucleótidos que es complementaria con el ADN original. Es decir, a cada T original se le asigna una A, a cada A original se le asigna una T, a cada C original se le asigna una G, y a cada G original se le asigna una C. La transcripción (la copia) es realizada por una enzima de nombre *RNA polymerase*.

En el *proceso de traducción* una molécula mRNA es utilizada como patrón para sintetizar una nueva proteína. El código genético es leído de 3-en-3, es decir, leyendo 3 nucleótidos cada vez, al mismo tiempo, en unidades llamadas codones, en interacciones con moléculas especializadas llamadas *transferencia de RNA*, o *tRNA*.

El Proyecto del Genoma Humano [Return]

En la biología molecular moderna y en la genética, *el genoma* es el conjunto del material genético de un organismo. Está codificado en estructuras de ADN o bien, como en el caso de muchos viruses, en estructuras de RNA. El genoma contiene ambos, los genes y las secuencias no codificadas de ADN/RNA.

Un *libro de instrucciones*. Una analogía al genoma es el las instrucciones guardadas en un libro:[7]

- El libro (el genoma) contendría 23 capítulos (los cromosomas).
- Cada capítulo (cromosoma) contiene entre 48 y 250 millones de letras (los elementos A, C, G, y T) sin espacios entre ellas.
- Por lo tanto, cada libro contiene más de 3,2 Billones (1 billón = Mil Millones = 10^9) de letras en total.
- El libro cabe dentro del núcleo de una célula, el tamaño de un puntito de alfiler.
- Por lo menos una copia del libro (todos sus 23 capítulos) se encuentra dentro de cada célula de nuestro cuerpo.

Los *Proyectos Genoma* son actividades científicas que tienen como objetivo determinar la secuencia completa de los contenidos del genoma de un organismo (ya sea humano, de una planta, de un hongo, una bacteria, un virus, etc.), determinar los genes que producen proteínas, y otros aspectos del código genético. La secuencia del genoma de un organismo incluye particularmente las secuencias del ADN en cada cromosoma. En el caso de la especie humana, cuyo genoma incluye 22 pares de autosomas y 2 cromosomas de sexo, una secuencia completa del genoma involucra a 46 secuencias.

El ***Proyecto del Genoma Humano*** resultó en un proyecto histórico que ya está teniendo un impacto mayor en la investigación en el campo de la medicina, con el potencial de contribuir a la creación de numerosos productos médicos. Actualmente existen una docena de proyectos de genoma, incluidos aquellos para los humanos, el hombre Neandertal, el chimpancé, otros. Unas notas sobre el proyecto genoma humano:

> *El **Proyecto Genoma Humano (PGH)** es un proyecto internacional de investigación científica con el objetivo de determinar las secuencias de pares de bases químicas que constituyen el ADN humano, y el de identificar y mapear todos los genes en el genoma desde una perspectiva física y funcional. Actualmente es el mayor proyecto de colaboración mundial sobre la materia. El proyecto fue propuesto y financiado por el Gobierno de los USA. La planificación empezó en 1984, se puso en marcha en 1990, y se le declaró completado en 2003. Un proyecto en paralelo e independientemente del Gobierno fue iniciado por la Celera Corporation, o Celera Genomics, en 1998. Casi todo el trabajo financiado por el Gobierno de los USA fue llevado a cabo en 20 universidades y centros de investigación de los USA, Reino Unido, Japón, Francia, Alemania, y China. Este proyecto tenía como objetivo mapear los nucleótidos dentro de un genoma humano (más de 3 Billones). El "genome" de cualquier individuo es único. Mapear el genoma humano requiere secuenciar variaciones múltiples de cada gene. El proyecto no estudió todo el ADN que se encuentra en las células humanas; un 8% del genoma no ha sido secuenciado.*[8]

Capítulo 5: Reproducción de la Vida, la factoría ADN

Síntesis de Pensamiento y Conocimiento
[Return]

¿Qué tienen que ver los contenidos de este capítulo sobre el ADN y su replicación con la religión, la filosofía, y la no-existencia de Dios? Mucho. Mis observaciones al respecto:

- **Cuatro bases:** ¿Y por qué no dos bases solamente? La evolución decidió trabajar con cuatro bases (A, C, G, y T) para representar, guardar, leer, y replicar información esencial para mantener la vida en el planeta Tierra. Un proceso de información que evolucionó a lo largo de un periodo de miles de millones de años. ¿Por qué un periodo de tiempo tan largo si había un Dios o grupo de Dioses que hubieran sido capaces de crear cualquier cosa en un abrir y cerrar de ojos?

    Dios dijo: "Dejar que la Tierra produzca organismos vivientes por especies: vacas, serpientes, lagartos... Y así es como ocurrió.

    Dios dijo: "Hagamos al hombre a nuestra imagen... Y Dios creó al hombre as su imagen, macho y hembra creó.

    *De esa forma Dios creó el cielo y la tierra con todos sus componentes, y en el séptimo día Dios completó su trabajo (****Génesis***, Nuevo Testamento de los Cristianos, **la Biblia**)*

- **Todos los animales y plantas son nuestros parientes:** Todos los organismos vivientes están hechos con esos cuatro elementos (bases), A, C, G, y T, ¡hasta las mismas plantas, hongos y viruses! Este es un conocimiento estremecedor, hecho posible tras un largo proceso de descubrimiento científico, por miles de hombres y mujeres en los últimos 200 años, especialmente. El hombre y la mujer ya no están en el centro del Universo, y resulta que somos una "especie más, entre miles y millones de especies de organismos. "***¡Pero los seres humanos tienen inteligencia!***", alguien dirá. También tienen inteligencia las otras especies, es la respuesta. "¡Pero los seres humanos son aún más inteligentes!" ¿En realidad es así? Apenas hemos existido durante 2 millones de años como la especie Homo Sapiens Sapiens, hemos creado una población de 7.000 Millones de habitantes en la tierra, y con todas estas guerras sobre diferencias de religión, y la escasez de recursos de energía, estamos a punto de conseguir una auto destrucción de nuestra especie. No parece esta una forma muy inteligente de existir en el Universo. Los dinosaurios se supone que eran menos inteligentes que los humanos pero existieron durante 150 Millones de años. Un mejor uso de nuestra inteligencia pudiera ser, posiblemente, comprender nuestra frágil existencia, el mejorar nuestros modelos de sociedad, ganar más respeto y apreciación por nuestros animales (fauna) y plantas (flora), nuestros propios grupos étnicos, y variedades de pensamiento.

- *Análisis y Síntesis, se necesitan ambos:* Como seres humanos somos capaces de observar, analizar cosas, realizar experimentos, obtener evidencia y conocimientos sobre una gran variedad de temas. Generalmente esas cantidades de conocimiento son guardadas en nuestros cerebros, en algunos casos durante periodos de tiempo cortos, digamos minutos, en otras ocasiones durante años. Sin embargo la *síntesis* de esos conocimientos no siempre sigue al *análisis* llevado a cabo por nuestros cerebros, parece ser el caso. Vemos, por ejemplo, a una persona hacer actividades de beneficio a su comunidad, y finalmente hacemos una síntesis de esas actividades y comportamiento, llegando a la conclusión de que debe ser una buena persona. Por otro lado, nadie ha visto a una persona morir y "volver" del lugar de los muertos, para hablar de lo que ha visto y oído en ese "otro mundo", y aun así mucha gente cree que hay vida después de la muerte. ¿Por qué esta forma de pensar? ¿Sera que nuestros cerebros son capaces de creer en mitos en ciertas áreas, mientras que los mismos cerebros solo aceptan verdades comprobadas en otras áreas? Algunos individuos y la mayoría de las organizaciones religiosas se ganan la vida predicando mitos, cuentos, historias incoherentes, situaciones sin ningún fundamento científico ("misterios de la fe"), y haciendo negocio de todo ello, y aun así muchas

Capítulo 5: Reproducción de la Vida, la factoría ADN

gentes optan por creer en tales fraudes. ¿Por qué? Nuestros cerebros son capaces de operar bajo ***auto-decepción*** y creer en estamentos fraudulentos por un lado, al mismo tiempo que responden a verdades y a estamentos científicos (ej., los humanos no podemos volar, el fuego quema nuestros cuerpos, si no comemos perecemos, respirar aire y no agua, etc.).

- Más sobre la síntesis del conocimiento, auto-decepción, y fraude de las jerarquías religiosas en los capítulos siguientes.

Capítulo 6:
Proyecto Genoma Humano

*"Descodificar la secuencia del **Genoma Humano** es una de las actividades más significativas que hemos tomado en toda la ciencia. Creo que el poder leer nuestro diseño interno, el catalogar **nuestro libro de instrucciones de ADN**, será juzgado en la historia como más importante que el abrir el átomo o el viaje a la luna."*
-- **Francis S. Collins,** científico, entrevista (23 May 1998), *'Cracking the Code to Life'*, Academy of Achievement.

*"Solamente entendemos un 66% de la célula más simple, y tan solamente el 1% del **Genoma Humano**."*
--Craig Venter, Salt Lake City, USA, 1946, en *"Este es un organismo vivo creado por una computadora"*, XL Semanal, País Vasco, No. 1504, 21 Agosto 2016,

Introducción

Este capítulo se concentra en un numero de temas de gran relevancia a iniciativas de investigación del ADN, con el propósito de ganar un entendimiento de esa investigación hasta la fecha de hoy día. Nuestra lista de temas es la siguiente:
- El Proyecto Genoma Humano
- Una lista de Genes por Cromosoma
  - Cromosoma 1
  - Cromosoma 2
  - Cromosoma 17
- Una lists de Proteínas
- Síntesis de Pensamiento y Conocimiento, con Preguntas

El Proyecto Genoma Humano [Return]

Durante muchos años ha habido un gran interés en la comunidad de investigación del ADN por saber mayor detalle acerca de los genes que habitan los cromosomas y su relación con enfermedades y características personales. Finalmente, la idea fue tomada en 1984 por el Gobierno de los USA, y la planificación y desarrollo del *Proyecto Genoma Humano* fue iniciada ese año con el objetivo de completar la labor en 2003, o sea en 15-20 años.

Tal plan y proyecto tenía como objetivo el identificar todos los genes y sus nucleótidos en cada uno de los 23 cromosomas, o sea esa total de 3 Billones (10^{12}) de nucleótidos:

> "*El* **Proyecto Genoma Humano** *fue financiado públicamente (Gobierno) en 1990 con el objetivo de determinar las secuencias de ADN en todo el genoma humano en los siguientes 15 años. En Mayo 1985, Robert Sinsheimer organizó un taller para discutir el proceso de secuenciar el genoma humano, pero por un número de razones del* **National Institutes of Health (NIH)** *no estaba interesado en avanzar el proyecto. Durante el siguiente mes de Marzo, el Santa Fe Workshop fue organizado por Charles DeLisi y David Smith del Department of Energy's Office of Health and Environmental Research (OHER); al mismo tiempo, Renato Dulbecco había propuesto*

secuenciar todo el genoma en un artículo en la revista **Science**. *James Watson siguió dos meses después con otro taller (workshop) en Cold Spring Harbor Laboratory.* **Francis Collins** *sucedió a James Watson en la posición de Director de Proyecto.*

Este proyecto de 3 Billones de Dólares fue finalmente financiado por el US Departamento de Energía y por el NIH. Además de los científicos de los USA, un grupo grande de científicos del Reino Unido, Francia, Australia, China, y de otros países se unieron al proyecto. El proyecto logró completar sus objetivos en Abril del 2003, llegando a identificar y documentar el 99% del genoma humano." [1]

Una lista corta de **descubrimientos fundamentales** en la secuencia del Genoma Humano incluye:

- Un total de 22,300 genes que codifican proteínas fueron descubiertas y documentadas

- El genoma humano tiene una lista larga de duplicaciones de segmentos de AND, mucho más larga de lo anticipado.

- El 7% de las familias de proteínas se relacionan con vertebrados, específicamente.

- Aproximadamente 3.3 Billones de nucleótidos pares fueron identificados y documentados.

En Marzo del 2000, el Presidente Clinton anunció que la secuencia del Genoma **no puede ser patentado**, y que debe estar libremente disponible a todos(as) investigadores. El sector de lo biotecnología, incluida la corporación **Celera** dirigida por **Craig Venter**, perdió unos $50 Billones de dólares en el mercado en los siguientes días y semanas. Los mercados del ADN perdieron dineros, pero la investigación del ADN ganó contenido e impulso. **Una nueva era de investigación genética empieza**, a medida que la investigación científica es capaz de concentrarse en los contenidos del ADN y sus funciones, con el objetivo de relacionar enfermedades y características personales a esa lista larga de Genes.

Una Lista de Genes por Cromosoma [Return]

Como ya sabemos, el genoma humano es la secuencia completa de ácidos nucleicos, codificados como ADN dentro de los 23 pares de cromosomas in el núcleo de la célula, con unos cuantos genes también localizados en el mitocondria. Muchos de estos genes sintetizan proteínas, mientras que otros genes no desempeñan esta función. En esta sección, vemos una lista de genes que ya han sido asociados con un número de enfermedades como resultado de "averías" en la secuencia de los nucleótidos en esos genes. Como tal, esta sección es solamente una introducción a estos genes, en el orden de 22,300 en número, un número muy grande. El lector interesado puede iniciarse en esta sección, y a continuación avanzar en la investigación ya publicada.

Cromosoma 1: Este es el cromosoma más largo, con un total de 249 Millones de pares de nucleótidos, representando un 9% del ADN total en la célula:[2]

Genes: Una lista corta de los genes en este cromosoma:
- AHCTF1: codificando proteína ELYS
- AMPD2: codificando enzima AMP deaminase 2
- ARID4B: codificando proteína AT-rich
- AZIN2: codificando enzima Antizyme inhibitor 2 (AzI2) también conocido como arginine decarboxylase (ADC)
- C1orf21: codificando proteína C1orf21
- C1orf49: codificando proteína C1orf49
- C1orf103: codificando proteína 1LRIF1

p-brazo (parte corta del cromosoma):
- ACADM: acyl-Coenzyme A dehydrogenase, cadena C-4 a C-12
- COL11A1: colágeno, tipo XI, alpha 1
- CPT2: carnitine palmitoyltransferase II
- DBT: dihydrolipoamide cadena transacylase E2
- DIRAS3: familia DIRAS, GTP-binding RAS-like 3

- ESPN: espin (auto-somal sordera recesiva 36)
- GALE: UDP-galactose-4-epimerase
- GJB3: gap junction protein, beta 3, 31kDa (connexin 31)
- HMGCL: 3-hydroxymethyl-3-methylglutaryl-Coenzyme A lyase (hydroxymethylglutaricaciduria)
- KCNQ4: potasio, voltage-gated channel, KQT-like familia, miembro 4
- KIF1B: kinesin familia miembro 1B
- MFN2: mitofusin 2
- MTHFR: 5,10-methylenetetrahydrofolate reductasa (NADPH)
- MUTYH: mutY homologo (*E. coli*)
- NGF: Factor de crecimiento de nervio
- PARK7: Enfermedad de Parkinson (auto-somal recesivo) 7
- PINK1: PTEN inducido putative kinase 1
- PLOD1: procollagen-lysine, 2-oxoglutarate 5-dioxygenase 1
- TACSTD2: tumor asociado con calcium signal transducer 2
- TMEM48: codifica proteína nucleoporin NDC1
- TSHB: Hormona que estimula la tiroides, beta
- UROD: uroporphyrinogen decarboxylase (el gene asociado con porphyria cutanea tarda)

q-brazo (brazo largo del cromosoma):
- ASPM: determinante del tamaño del cerebro
- CRP: C-reactive proteína
- F5: coagulación factor V (proaccelerin, labile factor)
- FMO3: flavin que contiene monooxygenase 3
- GBA: glucosidase, beta; acido (incluye glucosylceramidasa) (gene asociado con la enfermedad Gaucher)
- GLC1A: gene asociado con glaucoma
- HFE2: hemochromatosis tipo 2 (juvenil)
- HPC1: gene asociado con cáncer de próstata
- IRF6: gene asociado con tejido conectivo
- LMNA: lamin A/C
- MPZ: myelin proteína zero (Charcot–Marie–Tooth neuropathy 1B)

- MTR: 5-methyltetrahydrofolate-homocysteine methyltransferase
- PPOX: protoporphyrinogen oxidase
- PSEN2: preselinina 2 (Alzheimer disease 4)
- SDHB: succinate dehydrogenase complejo subunit B
- TNNT2: cardiac troponin T2
- USH2A: Usher syndrome 2A (auto-somal recesivo)

Enfermedades

A continuación una lista corta de enfermedades asociadas con genes en el *cromosoma 1*, de las 890 enfermedades ya identificadas y asociadas a este cromosoma:

- 1q21.1 deletion syndrome
- 1q21.1 duplicación syndrome
- Alzheimer
- Alzheimer, tipo 4
- Pecho, mamaria, cancer
- Brooke Greenberg, enfermedad (Syndrome X)
- Carnitine palmitoyltransferase II deficiencia
- Charcot–Marie–Tooth, enfermedad, tipos 1 y 2
- collagenopathy, tipos II y XI
- congenital hypothyroidism
- Ehlers-Danlos sindrome
- Ehlers-Danlos syndrome, kyphoscoliosis
- Factor V Leiden thrombofilia
- Familiar adenomatous polyposis
- galactosemia
- Gaucher, enfermedad
- Gaucher, enfermedad tipo 1
- Gaucher, enfermedad tipo 2
- Gaucher, enfermedad tipo 3
- Gelatinous drop-like corneal distrofia
- Glaucoma
- Hearing loss, autosomal recessive deafness 36
- Hemochromatosis
- Hemochromatosis, tipo 2

- Hepatoerythropoietic porphyria
- Homocystinuria
- Hutchinson Gilford progeria syndrome
- 3-hydroxy-3-methylglutaryl-CoA lyase deficiencia
- Hypertrophic cardiomyopathy, autosomal dominante mutations of TNNT2;
- maple syrup urine, enfermedad
- medium-chain acyl-coenzyme A, dehydrogenase deficiencia
- Microcefalia
- Muckle-Wells Sindrome
- Nonsyndromica, sordera.

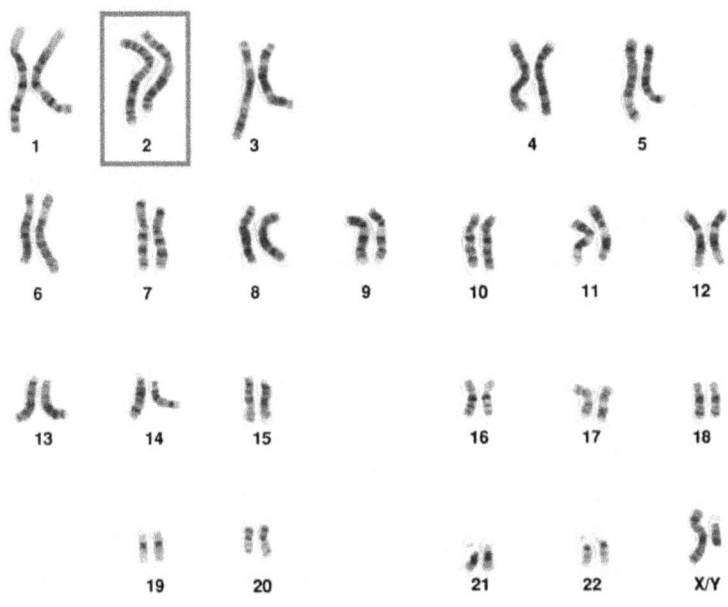

Figure 1. A representation of the 23 chromosomes in the human genome.[3]

Cromosoma 2: Este es el segundo más largo cromosoma, con 242 Millones de nucleótidos representando el 8% del ADN en una célula humana:[2]

Genes: Nuevamente, solamente una lista corta de genes en este cromosoma:

- ACTR1B: codificando proteina Beta-centractin
- ACTR2: codificando proteina Actin-related proteina 2
- ADI1: codificando enzime 1,2-dihydroxy-3-keto-5-methylthiopentene dioxygenase
- AFF3: codificando proteína AF4/FMR2
- AFTPH: codificando proteína Aftiphilin
- AGXT: alanine-glyoxylate aminotransferase (oxalosis I; hyperoxaluria I; glycolicaciduria; serine-pyruvate aminotransferase)
- ALS2: amyotrophic lateral sclerosis 2 (juvenil)
- ALS2CR8: codificando proteina Amyotrophic lateral sclerosis 2
- ARMC9: codificando proteína LisH domain-containing proteina ARMC9
- C2orf18: codificando proteína Transmembrane proteina C2orf18
- C2orf28: codificando proteina Apoptosis-related proteina 3
- COL3A1: collagen, type III, alpha 1 (Ehlers-Danlos syndrome type IV, autosomal dominante)
- COL4A3: collagen, tipo IV, alpha 3 (Goodpasture antigen)
- COL4A4: collagen, tipo IV, alpha 4
- COL5A2: collagen, tipo V, alpha 2
- CTLA4: cytotoxic T-Lymphocyte Antigen 4
- HADHA: hydroxyacyl-Coenzyme A dehydrogenase/3-ketoacyl-Coenzyme A thiolase/enoyl-Coenzyme A hydratase (trifunctional protein), alpha subunit
- HADHB: hydroxyacyl-Coenzyme A dehydrogenase/3-ketoacyl-Coenzyme A thiolase/enoyl-Coenzyme A hydratase (trifunctional protein), beta subunit
- NCL: Nucleolin
- NR4A2: nuclear receptor sub-familia 4, group A, member 2
- OTOF: otoferlin
- PAX3: paired box gene 3 (Waardenburg syndrome 1)
- PAX8: paired box gene 8

Capítulo 6: Proyecto Genoma Humano

- PELI1: Ubiquitin ligase
- RPL37A: codificando proteína 60S ribosomal proteina L37a
- SATB2: Homeobox 2
- SLC40A1: solute carrier familia 40 (iron-regulated transporter)
- SSB: Sjogren syndrome antigeno B
- TPO: thyroid peroxidase
- TTN: titin

p-Brazo:

- ALMS1
- ABCG5 and ABCG8: ATP-binding cassette, subfamilia A, members 5 and 8
- MSH2: mutS homolog 2, colon cancer, nonpolyposis type 1 (*E. coli*)
- MSH6: mutS homolog 6 (*E. coli*)
- TTC7A: familial multiple intestinal atresia
- WDR35 (IFT121: TULP4): intraflagellar transport 121
- CCDC142: Coiled-Coil Domain Containing 142

q-Brazo:

- ABCA12: ATP-binding cassette, sub-familia A (ABC1), member 12
- BMPR2: bone morphogenetic proteína receptor, tipo II (serine/threonine kinase)
- TBR1: T-box, cerebro

Enfermedades

Una lista corta de enfermedades asociadas con los genes de éste cromosoma 2:

- 2p15-16.1 microdeletion syndrome
- Autismo
- Alport syndrome
- Alström syndrome
- Amyotrophic lateral esclerosis
- Amyotrophic lateral esclerosis, tipo 2
- Congenital hypothyroidism

- Crigler-Najjar tipos I/II
- Dementia con Lewy bodies
- Ehlers–Danlos syndrome
- Ehlers–Danlos syndrome, tipo clasico
- Ehlers–Danlos syndrome, vascular tipo
- Fibrodysplasia ossificans progresiva
- Gilbert's Syndrome
- Harlequin tipo ichthyosis
- Hemochromatosis
- Hemochromatosis tipo 4
- Hereditary nonpolyposis colorectal cancer
- Infantile-onset ascending hereditary spastic paralysis
- Juvenile primary lateral sclerosis
- Long-chain 3-hydroxyacyl-coenzyme A dehydrogenase deficiency
- Maturity onset diabetes of the young tipo 6
- Mitochondrial trifunctional proteina deficiency
- Nonsyndromic sordera
- Nonsyndromic sordera, autosomal recessive
- Primary hyperoxaluria
- Primary pulmonary hypertension
- Sitosterolemia (knockout of either ABCG5 or ABCG8)
- Sensenbrenner sindrome
- SATB2 Sindrome asociado
- Sinesthesia
- Waardenburg sindrome.

Cromosoma 17: Contiene entre 1.200 y 1.500 genes, y este cromosoma es de interés particular porque desempeña un papel en *la toma de decisiones,* como ya veremos más adelante en el Capítulo 10. Tiene 83 millones de bases pares de nucleótidos, representando todo ello entre 2,5% y el 3% del ADN total.

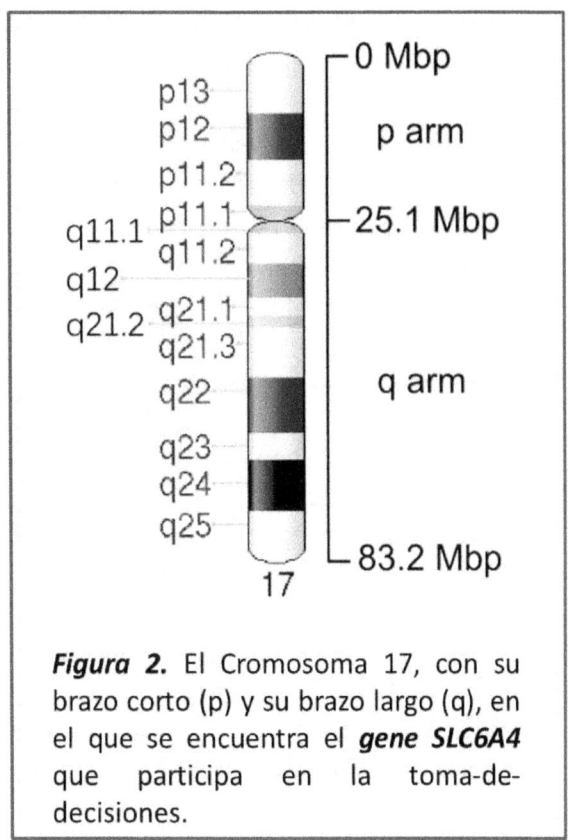

Figura 2. El Cromosoma 17, con su brazo corto (p) y su brazo largo (q), en el que se encuentra el ***gene SLC6A4*** que participa en la toma-de-decisiones.

Genes:

Una lista corta de genes en el Cromasoma 17:

q-Brazo
- GRB7: Factor de crecimiento, proteína 7 (17q12)
- RHBDF2: Rhomboid familia (17q25.3)
- RPS6KB1 or S6K: Ribosomal proteína S6-kinase (17q23.1)
- SCN4A: Voltage-Gated Sodio Channel Subunit Alpha Nav1.4 (17q23.3)
- CBX1: chromobox homologo 1 (17q21.32)
- ACTG1: actina, gamma 1 (17q25)
- BRCA1: cancer de pecho (17q21)
- COL1A1: collagen, tipo I, alpha 1 (17q21.33)

- ERBB2 loca leucemia viral oncogene homologo 2, neuro/glioblastoma derivado oncogene homologo (avian) (17q12)
- GALK1: galactokinase 1 (17q24)
- GFAP: glial fibrillary acidico proteína (17q21)
- KCNJ2: potassium inwardly-rectifying channel, subfamily J, member 2 (17q24.3)
- MAPT gene codificando proteína (17q21.1)
- NF1: neurofibromin 1 (neurofibromatosis, von Recklinghausen disease, Watson enfermedad) (17q11.2)
- NOG: Noggin proteína (17q22)
- SLC4A1: Band 3 anion transporter proteína. Solute carrier familia 4, member 1 (17q21.31)
- **SLC6A4:** Transpportador de Serotina (OCD) (17q11.2)
- TMC6 and TMC8: Transmembrane channel-like 6 and 8 (epidermodysplasia verruciformis) (17q25.3)
- USH1G: Usher sindrome 1G (autosomal recessive) (17q25.1)
- RARA or RAR-alpha: Retinoic acid receptor Alpha (asociadoo con t(15,17) y PML) (17q21)

p-Brazo
- SHBG: Sexo hormona (17p13.1)
- ACADVL: acyl-coenzyme A dehydrogenase, cadena larga (17p13.1)
- ASPA: aspartoacylase (Canavan enfermedad) (17p13.3)
- CTNS: cystinosin, lysosomal cystine transporter (17p13)
- FLCN: folliculin (17p11.2)
- MYO15A: myosin XVA (17p11.2)
- PMP22: peripheral myelin proteína 22 (17p12)
- TP53: tumor supresor proteína p53 (Li-Fraumeni syndrome), tumor suppresor gene (17p13.1)
- RAI1: retinoic acido inducido 1 (17p11.2)
- USP6: Ubiquitin carboxyl-terminal hydrolase 6, asociado a Aneurysmal cister de hueso (17p13)

Enfermedades

Una lista corta de enfermedades asociadas con genes en este Cromosoma 17:

- 17Q21.31 Microdeletion Sindrome
- Alexander enfermedad
- Andersen-Tawil síndrome
- Birt-Hogg-Dubé síndrome
- Cáncer de vejiga (orinar)
- Cáncer de pecho (mujeres) Bruck syndrome
- Camptomelic dysplasia
- Canavan enfermedad
- Cerebroretinal microangiopathy
- Charcot-Marie-Tooth enfermedad
- Charcot-Marie-Tooth enfermedad, tipo 1
- Corticobasal degeneración
- Cistinosis
- Depresion
- Ehlers-Danlos sindrome
- Ehlers-Danlos sindrome
- Epidermodysplasia verruciformis
- Galactosemia
- Glycogen storage enfermedad tipo II (Pompe enfermedad)
- Hereditary neuropathy
- Howel–Evans sindrome
- Li-Fraumeni sindrome
- Maturity onset diabetes of the young tipo 5
- Miller-Dieker sindrome
- Multiple sinostoses sindrome
- Neurofibromatosis tipo I
- Nonsyndromic sordera
- Nonsyndromic sordera, autosomal dominant
- Nonsyndromic deafness, autosomal recesiva
- Osteogenesis imperfecta
- Osteogenesis Imperfecta, Tipo I
- Osteogenesis Imperfecta, Tipo II

- Osteogenesis Imperfecta, Tipo III
- Osteogenesis Imperfecta, Tipo IV
- Potocki-Lupski sindrome
- Proximal simphalangism
- Smith-Magenis sindrome
- Usher sindrome
- Dehydrogenase deficiencia
- Aneurysmal, ciste de hueso
- Desorden Obsesivo Compulsivo.

Como ya mencionamos anteriormente, el *gene SLC6A4* en el q-brazo influencia la toma de decisiones en los humanos, como ya ha sido estudiado en unos 300 casos. Como tal, una región de este gene contiene un polimorfismo con "cortas" y "largas" repeticiones en la región 5-HTTLPR. La variación corta tiene 14 repeticiones de una secuencia de nucleótidos, mientras que la variación larga tiene 16 repeticiones. La corta variación tiende a tener una "expresión de gene" menor que es responsable por la parte de la "ansiedad" de las personas."[4]

Recomiendo al lector interesado(a) revisar las referencias de esta sección para aprender más detalle sobre las enfermedades y patrones de comportamiento asociados con los genes de los otros 21 Cromosomas.

Una Lista de Proteínas [Return]

Las proteínas son unas biomoléculas grandes, que consisten de largas cadenas de amino ácidos. Desempeñan una gran variedad de funciones dentro de los organismos, incluidas las reacciones químicas metabólicas, la reproducción del ADN, participación en envío de señales a las células, y el transporte de moléculas dentro de las células.

Reacciones Metabólicas

La catálisis de enzimas representa una aceleración en una reacción química a causa de una proteína. Esta catálisis es vital en las células para acelerar reacciones que se inician a temperatura y presión ambiental.

Capítulo 6: Proyecto Genoma Humano

Reproducción del DNA

Un número de proteínas está asociado con la reproducción de las tiras del ADN y el polimerasa de la misma, añadiendo nucleótidos que complementan las tiras de ADN.

Señales entre Células

Esta actividad es parte de un Sistema complejo de comunicaciones que coordinan y gobiernan actividades básicas dentro de una célula y entre células. Las moléculas de señales pueden pertenecer a varias clases químicas, incluidos lípidos, amino ácidos, y proteínas, como se muestra en la representación de *Ingeniería de Sistemas* de la *Figura 3*.

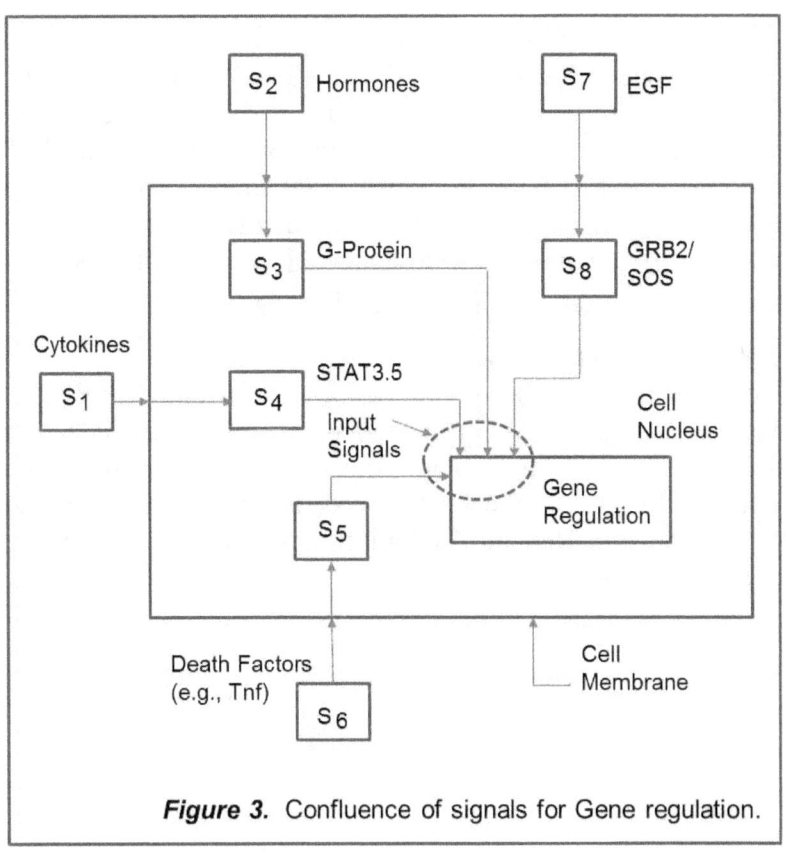

Figure 3. Confluence of signals for Gene regulation.

La célula generalmente recibe **señales múltiples**; algunas de estas señales son producidas dentro de la misma célula, pero más generalmente provienen de fuentes múltiples fuera de la célula. Una señal puede ser el resultado de cambios en la interacción entre proteínas, inducidos por otra señal externa a la célula. En la ***Figura 3*** el *epidermal factor de crecimiento ("growth")* (EGF) se pega a un receptor en la membrana de la célula; a su vez, el receptor está pegado a un adaptor de proteína (***GRB2***) el cual toma la señal para continuar la ruta de la señal hacia el núcleo de la célula. También, hormonas (e.g., serótina) llegan a la membrana y entran en la célula para producir la G-Proteína, la cual genera su propia hacia el núcleo regulando el gene. Similarmente, citoquines y Tnf proteínas entran la célula, y después de varias interacciones con otras proteínas, envían señales al núcleo.

Entonces, en la representación de Ingeniera de Sistemas de la ***Figura 3,*** hemos identificado 8 sub-sistemas, cada uno con su ***input, estado***, y ***output*** (¡la señal!). Los inputs y outputs pueden ser determinados a través de la observación, mientras que los "estados" requieren mayor observación y análisis. ¿Sabemos cómo y porqué esas proteínas y hormonas interactúan en su ruta hacia el núcleo? No, es decir, que muchas veces no conocemos el "estado" de esos sub-sistemas intermediarios, erg., S_1, S_2, S_3...S_8

Transporte Intra e Inter-celular

Las células humanas transportan paquetes de componentes (e.g., proteínas, mRNA, partes de cromosomas, etc.) a otras moléculas pegándolos a "motores moleculares que los arrastran a través de tubos y filamentos. Tal es el caso de la proteína transportada entre el aparato de Golgi y el Retículo Endoplásmico Liso (REL), como se muestra en la ***Figura 4***.

Intracellular Protein Transport

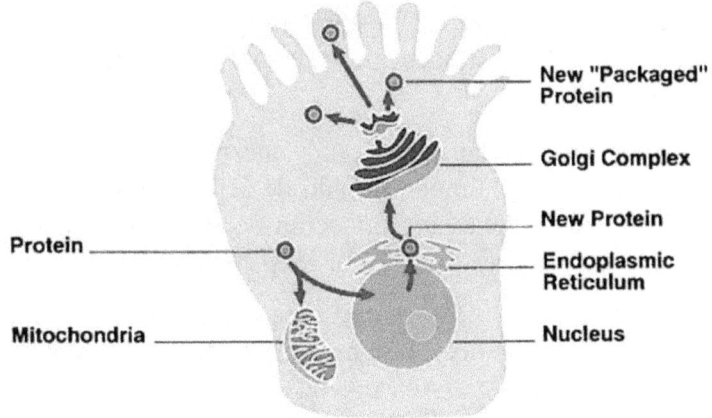

Figure 4. Transport of proteins between the Golgi apparatus and the Endoplasmic Reticulum in a cell.[4]

Síntesis de Pensamiento y Conocimiento, con Preguntas [Return]

Podemos ahora establecer un número de resultados, aunque será en los siguientes capítulos donde más detalle será añadido a estos resultados:

- El ***Proyecto Genoma Humano***, iniciado en 1984, ha cumplido con sus objetivos y ha identificado y documentado unos 22.300 genes, guardando esta valiosa información en bases-de-datos para su uso en la investigación continúa del ADN.

- La secuencia exacta de ***nucleótidos*** en cada gene ha sido identificada y documentada, gene por gene, y cromosoma por cromosoma.

- Hoy día, podemos atribuir cada enfermedad (una gran mayoría) a alteraciones en el orden de los nucleótidos en uno o varios genes; nuestras ***nuevas tecnologías*** tienen la habilidad de buscar y encontrar alteraciones en el orden de los nucleótidos.

- Hoy día, continuamos determinando cómo el comportamiento de un individuo refleja el contenido de varios sus propios genes.
- El *Gene SLC6A4* en el cromosoma 17 ha sido identificado y asociado con la actividad de *toma-de-decisiones* en las personas.
- Las *proteínas* generadas por nuestros genes están involucradas en un número variado de actividades, incluidas reacciones metabólicas, reproducción de ADN, señalización entre células, y el transporte de residuos de células.

Pregunta 1: ¿Por qué 23 cromosomas en los humanos? Diferentes especies tienen un número diferente de cromosomas. ¿Acaso un número mayor de cromosomas indica una *mayor complejidad* y funcionalidad o, posiblemente, al contrario?

Pregunta 2: ¿Cómo se regula la *"expresión"* de cada gene?

Pregunta 3: ¿Cuál es el *orden de prioridad* de las señales recibidas por una célula y su núcleo? Como ya mostramos en la Figura 3, un total de 4 señales son recibidas, pero sabemos poco acerca del orden en que la célula debe responder a esas señales. ¿Es tal que el orden de prioridad de las señales afecta la regulación de la expresión de los genes?

Pregunta 4: ¿Cómo impactan las *proteínas* la regulación de las células?

Pregunta 5: ¿Como reconoce una célula las *"instrucciones"* que acompañan a una señal recibida?

Pregunta 6: Una vez que *componente B* recibe una señal de *componente A*, ¿este componente A llega a recibir otra señal, un *"feedback"*, que indica que componente B ha recibido esa señal?

Capítulo 7:
Leyendo Secuencias del ADN

*"Una **secuencia de ADN** para el genoma del bacteriófago ΦX174 de aproximadamente 5.375 nucleótidos ha sido determinada usando el fácil y un rápido método de "más y menos." La secuencia identifica muchas de las características responsables por la producción de proteínas de 9 genes en ese organismo, incluidos lugares de principio y fin de las proteínas y RNAs. Dos pares de genes son codificados en la misma región de ADN usando diferentes marcos de lectura.*

-- Frederick "Fred" Sanger. *Genetista, escritor,* *"Nucleotide Sequence of Bacteriophage ΦX174 DNA",* **Nature** *(1977),* **265***, 687.*

Introducción

El objetivo de documentar la secuencia de ADN es la de identificar *el orden de los nucleótidos* (i.e., A, T, G, y C) en una tira de ADN, y finalmente en todo el gene. Esto es hecho con la intención de identificar las secuencias normales en los genes, y después identificar variaciones en esas secuencias que pueden ser responsables del origen de enfermedades y características personales (i.e., comportamiento de la persona). Un ejemplo de una secuencia de nucleótidos en una tira de gene puede ser: ACCTGTTGAGACCCT. Los temas de este capitulo son los siguientes:

Contenidos:
- **Secuencia de Ciclo de Genes**
- **Métodos rápidos y de gran volumen**
- **Análisis y Pruebas Forenses del ADN**
- **National DNA Database (CODIS)**
- **Controversia**
- **Síntesis de Pensamiento y Conocimiento, con Preguntas.**

Un poco de Historia. El concepto de "secuenciar" el ADN fue introducido por **Frederick "Fred" Sanger** (1918-2013), un bioquímico Británico quien ganó el Premio Nobel de 1958 en Química *"por su trabajo en la estructura de proteínas, especialmente la de la insulina"*, y mas tarde en 1980 con **Walter Gilbert** *"por sus contribuciones respecto a la determinación de las bases en los ácidos nucleicos."*

Desde aquel trabajo de Fred Sanger y Walter Gilbert, han salido a la luz varios métodos y nuevas tecnologías que hacen posible la secuencia del ADN en genes, una actividad que está teniendo grandes contribuciones en diversas áreas de medicina, tal como en el tratamiento de enfermedades y en la identificación de características personales, así como también en la ciencia forense. En este capítulo, proponemos introducirnos al conocimiento de estos métodos y tecnologías.

Capítulo 7: Leyendo Secuencias de ADN

Ciclo de Secuencia de Genes   [Return]

Este es el método originado por **Fred Sanger,** y constituye la base del "ciclo" de secuencia automática de hoy día. Al principio de la década de los 1980s una técnica de nombre **reacción en cadena de polimerasa** (*"polimerasa chain reaction, PCR"*) permitió a investigadores producir un gran número de secuencias de ADN. Una lista breve de pasos a seguir: [1]

1. Una tira de AND se corta para ser secuenciada. También, se prepara otra tira corta de ADN, el "primer", que es complementaria a la primera tira; a continuación se prepara una *enzima* de nombre **DNA polimerasa.**

2. A continuación, colocar esta mezcla en una probeta de cristal, añadir un grupo de nucleótidos, uno de nombre **ddNTP** (abreviatura de *dideoxyribonucleotide triphosphate*); los ddNTPs son similares los nucleótidos de ADN, pero suficientemente diferentes para evitar la reproducción de ADN. Cuando el ddNTP es añadido a una cadena de ADN, el polimerasa de ADN no puede añadir más nucleótidos por lo que la cadena para de crecer. La secuencia de ADN usa esta cadena para determinar el orden de nucleótidos en esa tira de ADN.

3. Para empezar la reacción de secuencia, la mezcla es calentada a 95ºC, para que las dos cadenas de ADN complementaria se separen.

4. Siguiente, se baja la temperatura a 60ºC para que la secuencia "primer" encuentre su secuencia complementaria de ADN.

5. La enzima no puede distinguir entre los ddNTPs, por lo que cada vez que uno es incorporado, digamos un dd**A**TP, la síntesis termina.

6. Dado que Billones de moléculas de ADN están presentes en la probeta de cristal, la tira puede ser terminada en cualquier posición. El resultado es una colección de tiras de ADN de diferentes longitudes.

7. Siguiente, la reacción de la secuencia es transferida a otra probeta de cristal a una línea de gelatina de *poliacrylamide*.

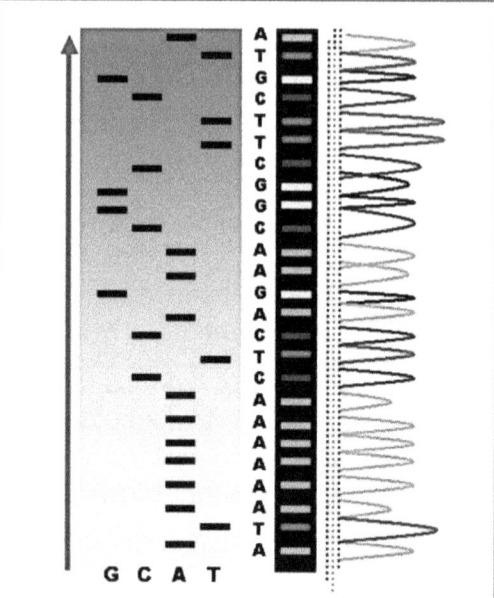

Figura 1. Una fase secuenciando el ADN usando la cadena automática; leyendo de abajo a arriba; cada nucleótido está representado por un color.[1]

8. Finalmente, la gelatina es colocada en un secuenciador para someterse a *electrophoresis* y análisis. Los fragmentos de ADN se mueven de acuerdo a su tamaño, y cada uno es detectado al pasar bajo un rayo de *laser* en el fondo de la gelatina. Sí, cada tipo de ddNTP emite una luz de diferente color con su propia longitud de onda para ser documentada. El resultado es el electroferograma mostrado en la *Figura 1*. La imagen simulada de gelatina se lee entonces de "abajo para arriba, dando en este caso la secuencia ATAAAAAACAG...GTA.

Capítulo 7: Leyendo Secuencias de ADN

Fácil de seguir y entender, ¿no es así? No, no es fácil, por supuesto que no. Pero una vez que la persona interesada se hace parte del equipo de laboratorio de ADN, es cuestión de tiempo el aprendizaje de las tecnologías involucradas, y el proceso se simplifica.

Métodos rápidos y de volumen alto [Return]

En la década de los 1990s, métodos rápidos para secuenciar el ADN fueron creados, con el objetivo de realizar la secuencia de cromosomas enteros, incluidos el método *de novo* que describimos a continuación:[1]

1. Extraer el segmento de ADN que va a ser secuenciado.
2. Partir ese segmento en números segmentos de menor tamaño.
3. Los segmentos de ADN a continuación son *clonados* en vectores de ADN.
4. Amplificar los vectores de ADN dentro de un anfitrión bacteria, tal como el *Eschirichia Coli*.
5. Ensamblar electrónicamente los vectores de AND para formar una secuencia contigua larga, como se muestra en la *Figura 2*. Ver la *Figura 3* para ver una muestra de una maquina electrónica secuenciadora de ADN.

Otros métodos secuenciadores de *alto volumen* son:

- Tiempo-real, molécula singular (de Pacific Biosciences Corp.)
- Ion Semiconductor (de Ion Torrent Corp.)
- Piro-Secuenciador (de Roche Diagnostics Corp.)
- Illumina Secuenciador (de Solexa and Illumina Corp.)
- Secuenciador por Litigación (de SOLiD Sequencing Corp.)

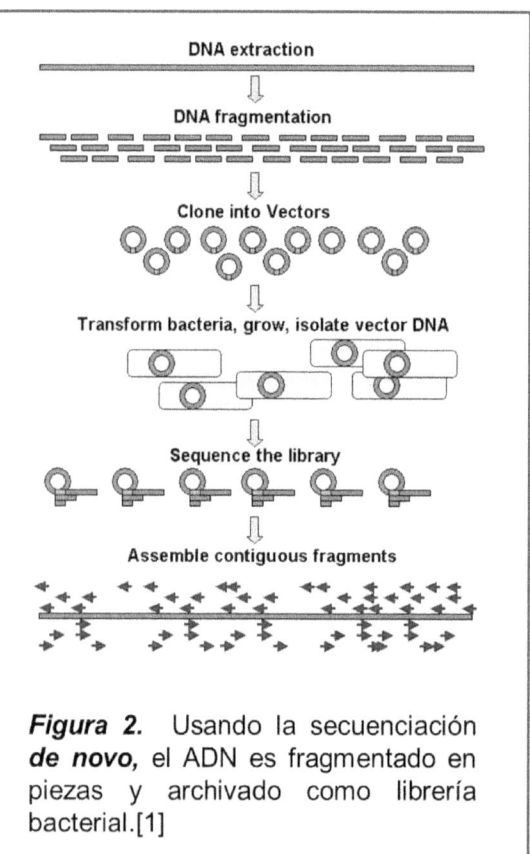

Figura 2. Usando la secuenciación *de novo*, el ADN es fragmentado en piezas y archivado como librería bacterial.[1]

- Nanopore Secuenciador (de MinION-Oxford Nanopore Corp.)
- Secuenciador en Cadena (de Sanger Sequencing Corp.)

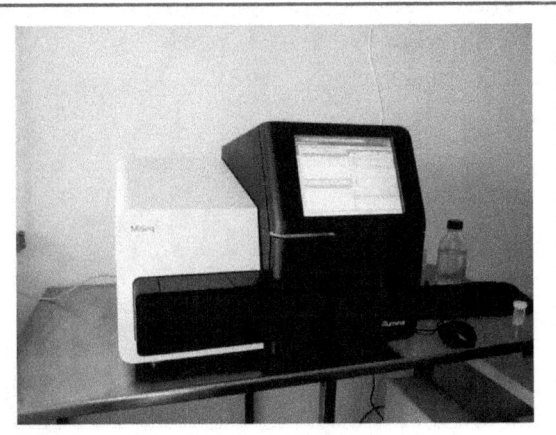

Figura 3. Un secuenciador Illumina MiSeq. [1]

¿Cómo está evolucionando la tecnología de secuenciadores de AND? Cada año el *National Human Genome Research Institute (NHGRI)* promociona este tipo de tecnología otorgando dinero y premios. Un informe de NHGRI demuestra claramente como los gastos de secuenciar el ADN bajan cada año, como lo muestra la *Figura 4.*

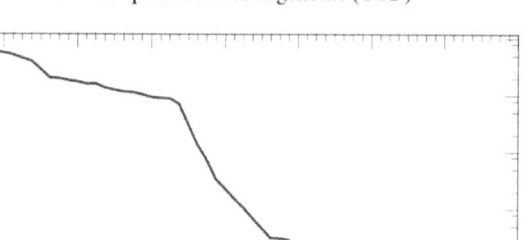

Figura 4. Historial de la reducción de costos para secuenciar el Genoma Humano. Cortesía de NHGRI.[1]

Análisis y Pruebas Forenses de ADN [Return]

¿Has visto alguna vez una película en la cual alguien ha sido asesinado(a), y la policía local toma muestras de sangre para análisis en el laboratorio con el objetivo de identificar al asesino? Muy bien. Pues es esta sección vamos a describir como el equipo forense en el laboratorio trabaja para ver si el ADN de la muestra de sangre es idéntico al de la persona sospechada de cometer el crimen.[2]

Como la *Figura 5* muestra, el equipo forense se mueve dentro de las áreas de biología, tecnología, y genética tomando una serie de pasos y actividades que puedan correlacionar esas dos muestras de ADN. La muestra de sangre in ADN de la escena del crimen es amplificada en el laboratorio para producir miles de secciones de ADN a los que se les da el nombre de "marcadores." En el laboratorio varias piezas de equipo son utilizadas para separar el ADN de otros componentes; la muestra de ADN de la escena del crimen es capturada en un trozo de tela, y esta muestra es comparada con el ADN de las personas sospechosas. Cuando se descubre una correlación alta, la evidencia empieza a apuntar al sospechoso(a) de tal crimen.

Capítulo 7: Leyendo Secuencias de ADN

El proceso de *"perfilamiento de ADN"* fue desarrollado por **Alec Jeffreys**, un profesor de genética, como un método de recoger una muestra referente de ADN en la escena del crimen. Esa muestra de ADN puede ser obtenida de una variedad de fuentes, incluidas saliva, sangre, hueso, semen, y otros tejidos humanos.

Entre los varios métodos disponibles para analizar las muestras de ADN, el método PCR (*Polymerase chain reaction*) es utilizado en muchas agencias de control de crimen para amplificar la muestra de ADN. Este método imita al proceso biológico de reproducción de ADN, aunque lo confina a un número específico de secciones de ADN distribuidas en los 23 cromosomas, como se muestra en *Figura 5*.

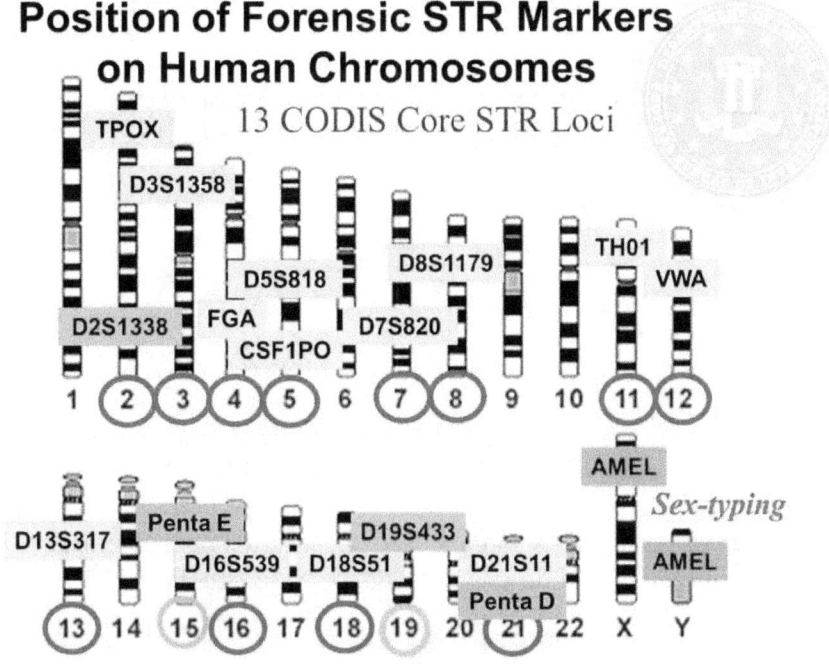

Figura 5. Un total de 13 áreas de ADN, a través de todos los cromosomas se utilizan en la ciencia Forense para hacer pruebas y análisis. [1]

A continuación, la sección de ADN de interés es separada de otros componentes de células y tejidos; se utiliza enzimas de reproducción para que la muestra de ADN pueda producir 2 nuevas copias de la secuencia de interés; este paso es repetido con equipo termal cíclico hasta llegar a producir miles y hasta un millón de copias, como mostramos en *Figura 6*.

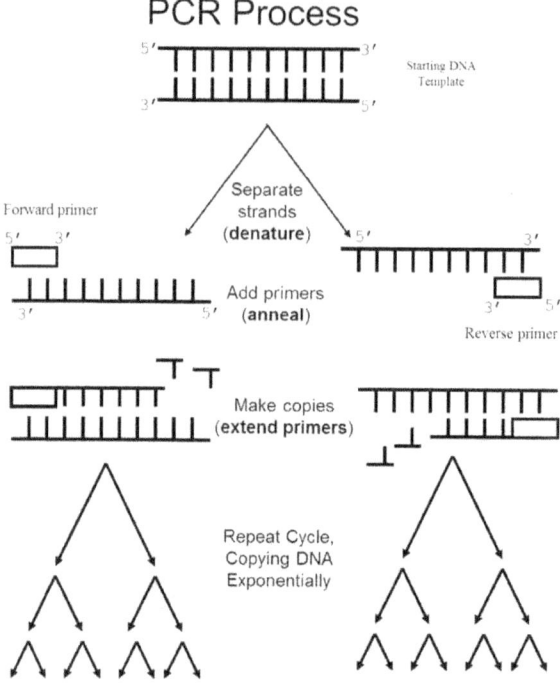

Figure 6. Producción de un gran número de muestras de ADN durante el proceso PCR. [1]

En sumario, estos son los pasos necesarios para lograr el perfilamiento del ADN de una persona, o sea la "huella AND":

1. Obtener una muestra de ADN de la escena del crimen (ej., sangre, saliva, cabello, semen, otro)

2. Cortar el ADN en la probeta de cristal con una enzima restrictiva, para remover los otros componentes de la célula(s).

Capítulo 7: Leyendo Secuencias de ADN

3. Separar los fragmentos de ADN utilizando la gelatina de *electroforesis*.

4. Transferir los segmentos de ADN a un contenedor con nitro-celulosa, y colocar encima de los segmentos unas toallas de papel.

5. Transferir la nitro-celulosa con los segmentos de ADN a un contenedor cuadrado, y ahora añadir líquido que contenga compuestos **radiactivos** (i.e., cADN, RNA).

6. Permitir a la mezcla hibridar.

7. Siguiente, hibridar la nitro-celulosa, lavarla, y auto-radiografiarla.

8. Exponer el filtro a un film fotográfico, y comparar la huella de ADN de la escena del crimen con la huella de ADN de la persona sospechosa.

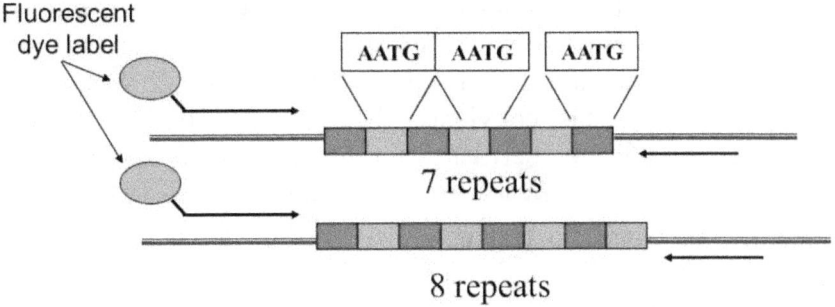

the repeat region is variable between samples while the flanking regions where PCR primers bind are constant

Figura 7. Repeticiones ("Short Tandem Repeats, STRs") en el ADN de los cromosomas. [3]

Las 13 secciones de los cromosomas utilizadas por los equipos forenses han sido determinadas por la agencia *Combined DNA Index System* (**CODIS**), que a su vez es una base de datos de la *United States National DNA Database* agencia.

El Index de ADN Combinada (CODIS) [Return]

Esta base-de-datos de ADN ("Combined DNA Index System", CODIS) ha sido creada y mantenida por la agencia *Federal Bureau of Investigation* (*FBI*), y consiste de 3 niveles de información: (1) el Local DNA Index Systems (*LDIS*), (2) el State DNA Index Systems (*SDIS*), y (3) el National Index System (*NDIS*) que hace posible el intercambio de información de ADN entre los Estados de los USA.

En el momento de su creación, CODIS consistía del *Convicted Offender Index* y el *Forensic Index*; en los últimos años, sin embargo, otros índices se han añadido:

- *The Arrestee Index* (Índice de Arrestados)
- *Missing or Unidentified Persons index* (Indice de personas desaparecidas o no identificadas), y
- *Missing Persons Reference Index* (Índice de referencia de personas desaparecidas).

Todos los Estados de los USA han aprobado leyes para autorizar la toma de perfiles de ADN de personas convictas para su ingreso en el *CODIS*. Esta base-de-datos contiene más de 12 Millones de perfiles de personas convictas, 2.157.394 perfiles de personas arrestadas, y 663.191 perfiles forenses hasta la fecha de Octubre 2015. El éxito y justificación del programa CODIS se basa en el número de crimenes en los que presta servicio. [2]

Controversia [Return]

¿Deberían los perfiles de ADN de personas arrestadas ser guardados en una base-de-datos a nivel nacional para uso público y forense? Existe una situación de controversia sobre este tema, claro. Consideremos los siguientes argumentos:

> *"La base-de-datos **CODIS** ha sido utilizada principalmente para recoger el ADN de criminal sexual convicto. Con el tiempo esta práctica se ha extendido. Actualmente 50 Estados requieren colección de ADN de un número de delincuente, principalmente asalto sexual y homicidio. Otros Estados van más lejos, recogiendo ADN de juveniles y aquellas personas bajo sospecha criminal.*

Capítulo 7: Leyendo Secuencias de ADN

*En California, como resultado de la propuesta de ley No. 69 en 2004, todas las personas arrestadas por un delito o falta han tenido sus ADNs recogidos y guardados, a partir de 2009. Por encima de todo esto, todos los miembros de los **Servicios Armados de los USA** deben proveer muestras de ADN, aunque su crimen no tenga un equivalente en la sociedad en general (adulterio, por ejemplo).*

*Hoy día la **American Civil Liberties Union (ACLU)** esta opuesta a la recogida de muestras de ADN de personas arrestadas no involucradas en una convicción por parte de las Cortes. Al lado de ACLU otros ciudadanos y organizaciones se oponen al uso de una base-de-datos de ADN por su posible uso en políticas de discriminación contra ciudadanos.*"[3]

Síntesis de Pensamiento y Conocimiento, con Preguntas [Return]

Como ya hemos hecho en capítulos anteriores, presentamos ahora una lista de extractos y preguntas:

- El crédito por nuestro conocimiento sobre ADN se debe en gran parte al trabajo y la investigación del químico Británico **Fred Sanger (1918-2013)** y del bioquímico Norte-Americano **Walter Gilbert (1932-)**. Una nueva era de estudio y tratamiento de enfermedades empezó con esos dos científicos.

- Hoy día, hemos logrado asociar la mayoría de las **enfermedades** a alteraciones en la secuencia del ADN en nuestros genes. Similarmente, una mayoría de nuestras **características personales** (i.e., comportamiento humano) reflejan el contenido de nuestros genes.

- Varias **nuevas tecnologías** han sido creadas en los últimos 20-30 años capaces de secuenciar grandes volúmenes de ADN, incluido el método PCR.

- También, afortunadamente, *el costo* de secuenciar nuestros genomas individuales ha disminuido dramáticamente, desde Millones de Euros a unos pocos miles de Euros.

- El ADN también está teniendo un gran éxito en el campo de la *investigación forense*; hoy día existen bases-de-datos de ADN en muchos países de la comunidad global.

Pregunta 1: ¿Cuantas horas o días se requieren para empezar y completar la documentación del genoma humano en personas?

Pregunta 2: Hasta ahora identificamos la secuencia del ADN en personas para encontrar variaciones en la secuencia de nucleótidos, y para conocer detalles sobre la codificación de proteínas. Tenemos ante nosotros otra gran oportunidad, la de buscar y encontrar **"el libro de instrucciones", "el taller de ingeniería"** que determina durante la fase embriónica el tamaño y distribución de nuestros órganos en el cuerpo humano. ¿Está llevándose a cabo esta línea de investigación hoy día?

Pregunta 3: ¿Varia el porcentaje de *"junk ADN"*, de **"ADN basura"** a lo largo de los 23 cromosomas? ¿Y qué progreso se está haciendo hoy día para descubrir la funcionalidad bioquímica del llamado "ADN basura"?

Capítulo 8:
Reparación de ADN, Reciclaje de Células, y Tecnología CRISPR

*"Ahora mismo la gente esta interesada en la **Ingeniería Genética** para salvar a la humanidad. Sí, esa es una causa noble, y por ahí es donde deberíamos continuar. Pero una vez que lleguemos ahí y empezamos a pensar del futuro, veremos la oportunidad de crear nuevas formas de vida."*
-- **Jack Horner** *(1946-)*, científico Norte-Americano, escritor.

"El editar con precisión un genoma humano no es una nueva idea, pues llevamos décadas pensando en ello. En los 1980s, como un estudiante, yo ya trabajaba en el reparo de la doble cinta de ADN. El campo de la genética siempre entendió que la habilidad de hacer cambios en el ADN serviría como una herramienta increíble. El Premio Nobel 2007

Ambrose Goikoetxea, Ph.D.

(a Mario Capecchi, Martin Evans, y a Oliver Smithies) fue para lograr la recombinación homóloga, uno de las dos formas de reparar el ADN en el tratamiento de enfermedades."
--**Jennifer Daudna** (1964-), química, bióloga, y co-creadora de la tecnología CRISPR-Cas9.[1]

Introducción

Ciertamente, las estructuras de ADN también sufren daños debido a causas interna y externas, similar al daño sufrido por otras partes del cuerpo humano. En este capítulo propongo echemos un vistazo a mecanismos y tecnologías disponibles hoy día para la reparación del ADN. Tenemos, entonces, los siguientes temas a tratar:

Contenidos:
- **Causas de daños al ADN**
- **Mecanismos de Reparación del ADN**
- **Consecuencias de mala reparación del ADN**
- **Autofagia de componentes Celulares**
- **Ingeniería Genética**
- **Elementos básicos de la tecnología CRISPR**
- **Extensión a la tecnología CRISPR/Cas9**
- **Síntesis de Pensamiento y Conocimiento, con Preguntas**

Empezamos con una definición. La *reparación del ADN* es una colección de procesos de reparación de las estructuras de ADN que tenemos en nuestro genoma para aplicar a una gran variedad de daños al ADN.

"En las células humanas ambos, actividades metabólicas y factores ambientales (ej., cansancio, estrés, mucho calor, mucho frio, radiación, etc.) pueden causar daño al ADN, resultando en tantas como 1 Millón de lesiones

moleculares por célula, por día. Muchas de las lesiones pueden causar daño a la molécula del ADN, y alterar o eliminar la habilidad de la célula para transcribir el gene que la ADN afectada codifica. Otras lesiones inducen mutaciones en el genoma de la célula, lo cual afecta la supervivencia de las células hijas después de la mitosis. Como consecuencia, el proceso de reparación de ADN está constantemente activo. Cuando un proceso de reparación falla, y cuando la apoptosis celular falla, un daño irreparable de ADN puede ocurrir, incluidos la ruptura de las dos tiras en el gene, algo que puede culminar en tumores malignos o en cáncer."[4]

Causas de daño del ADN [Return]

Ambas causas, internas (endógena) y externa (exogena), participan en daños al ADN:

1. *Interno:* el daño interno es producido por reacciones de oxígeno, produciendo errores de reproducción de ADN.
2. *Externo:* el daño externo puede ser producido por:
   a. Radiación Ultravioleta proveniente del sol.
   b. Hidrólisis o alteración térmica.
   c. Una lista de plantas toxicas.
   d. Compuestos aromaticos.
   e. Viruses.

Tipos de Daño Interno

Varios tipos de daño interno debido a procesos internos:
1. *Oxidación* de las bases de los nucleótidos.
2. *Alkilación* de las bases, generalmente metilación.
3. *Hidrolysis* de las bases.
4. *Disparidad* de las bases, debido a errores en la reproducción del ADN.
5. *Monoaducto,* daño causado por tener solamente una base de nitrógeno en el ADN.

Tipos de Daño Externo

Varios agentes participan:
1. *Luz Ultravioleta*, la cual causa intercambio del nucleótido Citosine (C) y el continguo Thymine (T).

2. *Radiación Ionizada,* que lleva a vejez prematura y a cáncer.
3. *Alteración Termal,* a altas temperaturas.
4. *Substancias Químicas Industriales,* como el peróxido de hidrógeno.

Mecanismos de reparación de ADN [Return]

El daño a las estructuras de ADN generalmente alteran la configuración espacial de la hélice de doble tira pero, afortunadamente, tales alteraciones pueden ser detectadas por la célula, como explicamos a continuación.

Retorno Químico Directo

Un proceso de foto-reactivación directamente da vuelta al daño causado por la luz ultravioleta (UV) debido a la acción de la enzima fotoliase.

Daño a una sola tira de ADN

Cuando el daño ocurre en solamente una de las dos tiras de ADN de la hélice doble, la otra tira puede ser utilizado como patrón para reemplazar los nucleótidos correspondientes en la tira dañada.

Daño a las dos tiras de ADN

En el caso en el que las dos tiras de ADN sufren daño, existen 3 métodos de reparación: (1) unir las dos terminales (*non-homologous end joining, NHEJ*), (2) unión de las dos terminales con micro-homología (*microhomology-mediated end joining, MMEJ*), y (3) recombinación homologada.

¿Qué ocurre en el caso donde existen **procesos múltiples de daño** a elementos estructurales como proteínas, lípidos, y RNA? Existe, entonces, una respuesta global al daño al ADN con mecanismos combinados, como (a) inducción de genes múltiples, (b) parada del ciclo de la célula, e (c) inhibición de la división de la célula.

Consecuencias de mala reparación de ADN [Return]

No solamente la estructura de ADN puede resultar sin una reparación efectiva, sino que también puede tener consecuencias de salud, como se muestra en la ***Figura 1***, incluida la disminución en

Capítulo 8: Reparación de ADN, Reciclaje de Células,
y Tecnología CRISPR

los años de vida y un aumento en la aparición de cáncer. Como resultado de causas de daño interno y externo, elementos estructurales en el ADN de núcleo y de la mitocondria pueden sufrir daño produciendo *senescence de cáncer* (un proceso irreversible en el que la célula ya no puede dividirse, y *apoptosis* (suicidio de la célula).

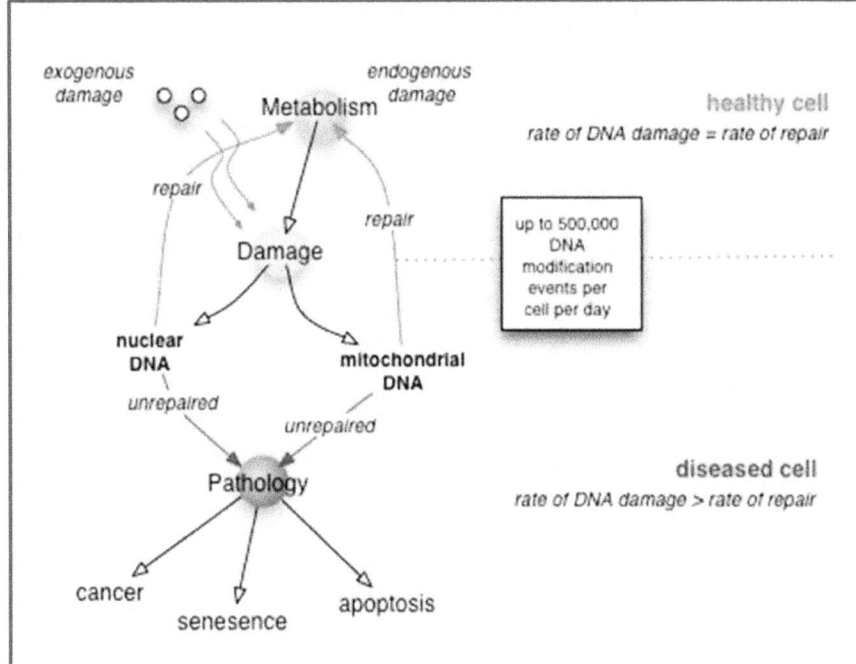

Figura 1. Fuentes internas y externas que causan daño al ADN, responsables del c-ancer, senesence, y suicidio de la célula misma. [4]

Existen un número de genes involucrados en la reparación del ADN que también son responsable de un aumento en los años de vida, aunque el mecanismo continúa en investigación, como se muestra en Figura 2. Tal lista de genes (i.e., Indy, Age-1, SGK-1, Daf-2, Daf-12, Sir-2, y HSF-1), además de la proteína Ku70, afectan al gene de *"la vida eterna" FOXO3a* bajo condiciones de restricción de calorías, aunque la investigación continua, como ya hemos dicho.

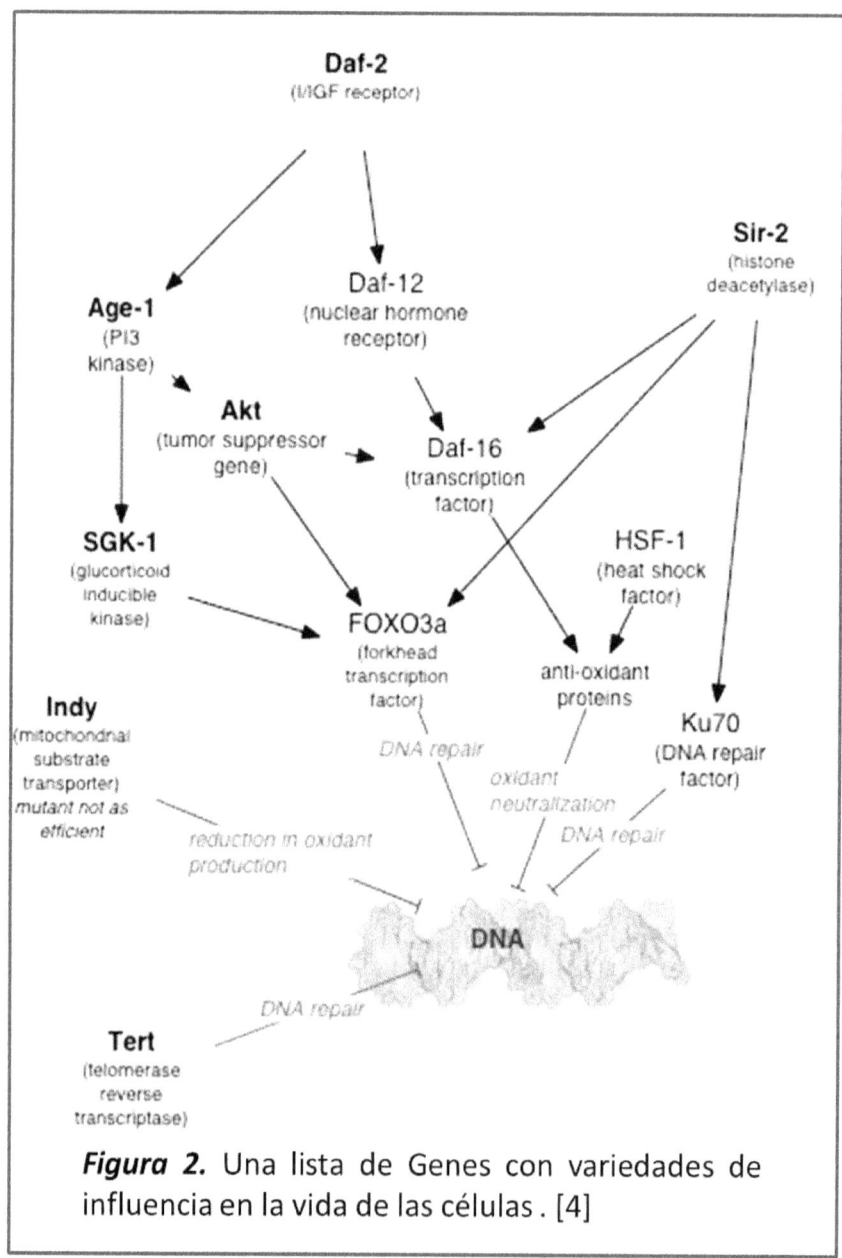

Figura 2. Una lista de Genes con variedades de influencia en la vida de las células. [4]

Capítulo 8: Reparación de ADN, Reciclaje de Células, y Tecnología CRISPR

También se alberga preocupación por errores que a su vez sugieren estrategias y reparación de daño al ADN. Deficiencias en enzimas de reparación del ADN, por ejemplo, es una de esas preocupaciones; otra preocupación es la de reducir o silenciar la expresión de los genes de reparación, como mostramos en la *Figura 3.*

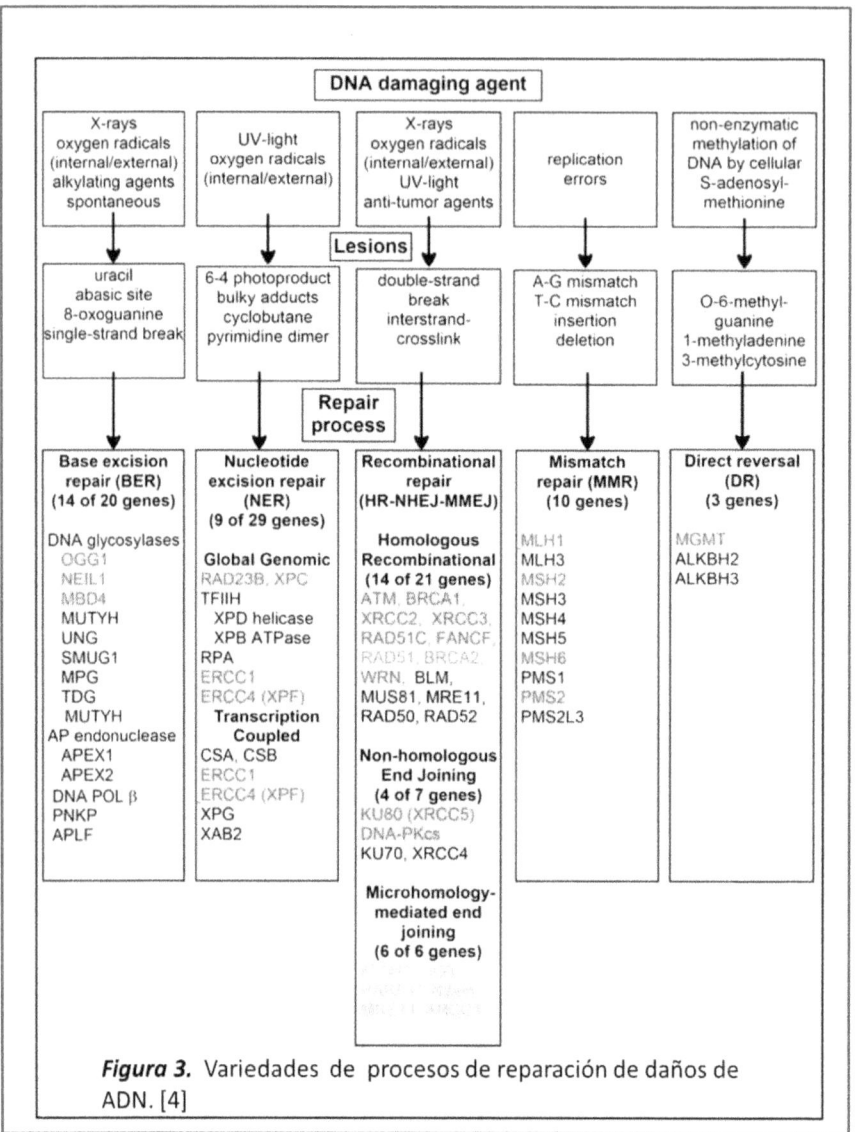

Figura 3. Variedades de procesos de reparación de daños de ADN. [4]

Cuando algunos de los genes padecen de "poca expresión", el daño al ADN puede acumularse, y errores de reproducción pueden producir mutaciones de genes y, finalmente, **cáncer.**

El esfuerzo tecnológico y la investigación continúan para lograr mecanismos de reparación de ADN que no producen errores. Afortunadamente, una nueva tecnología ha surgido con el nombre

Capítulo 8: Reparación de ADN, Reciclaje de Células, y Tecnología CRISPR

de *CRISPR/Cas9*, como ya introducimos en las siguientes secciones.

De interés relevante es conocer el trabajo de dos biólogos, **Thomas Lindahl, y Paul Modrich**, así como también *Aziz Sancar*, ganadores del Premio Nobel de 2015 de Química por "identificar y explicar cómo la célula repara y protege su ADN."[5]

Autofagia o Reciclaje de componentes de Células
[Return]

Una cosa es *reparación de ADN* y otra cosa es *reciclaje celular*, es decir reciclaje de componentes de la célula can han sobrevivido sus años de vida o degradado. **Autofagia** quiere decir "auto-comerse" ya que, efectivamente, la célula se come a sus componentes degradados para reciclar sus elementos básicos.

Para actualizarnos, quiero mencionar al biólogo **Yoshinori Ohsumi**, del *Tokyo Institute of Technology, Japan*, quien ha ganado el **Premio Nobel 2016 en Química** por su trabajo de investigación en fisiología; su trabajo a lo largo de los años se ha concentrado en observar que le ocurre a la célula en condiciones de hambre, de hambruna, y como la célula comienza a "canibalizar" las partes de la célula que ya no son necesarias, es decir "reciclaje" o "auto-comerse." La hambruna, sin embargo, no es la única causa de la autofagia, ya que las células necesitan esta actividad para deshacerse de la "*basura*" dentro de sus membranas. Esto fue descubierto en los 1950s, al observar a los materiales de citoplasma, en particular componentes digeridos como el mitocondria, lípidos, y proteínas dentro de estructuras llamadas auto-fagosomas (ATPs). Tres tipos de autofagia: (1) micro-autofagia, (2) autofagia asistida con chaperón, y (3) macro-autofagia, como mostramos en *Figura 4*.

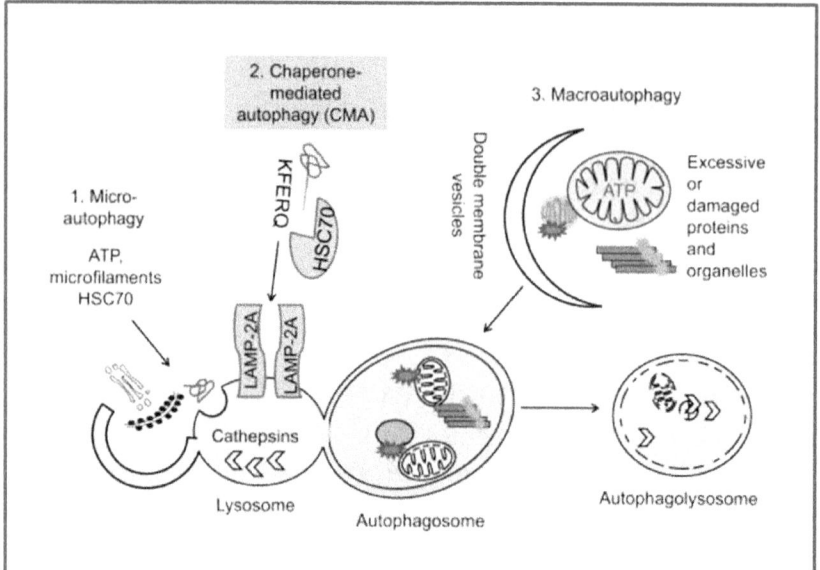

Figura 4. Tres tipos de autofagia: (1) Micro-autofagia, (2) Chaperone-mediated autofagia (CMA), y (3) Macro-autofagia.[6]

"La **Micro-autofagia** describe la extensión de membranas lisosoma para absorber contenidos intra-celulares. Las señales se han observado en levadura que dependen de Ca^{2+}/Calmodulin, pero son independientes de componentes involucrados en fusión de vesículas. Estudios con microscopios electrónicos sugieren que una reducción en estructuras micro-autofagiacas se correlaciona con una reducción en la disposición de proteína. La presencia de estructuras micro-autofagiacas se ha demostrado que dependen de micro-filamentos de ATP in las células de mamíferos. Estudios recientes también indican que mecanismos de captura de proteínas por los endosomas, son facilitados por el cognado 70 (HSC70) en sistemas de mamíferos." [6]

El segundo mecanismo, ***autofagia asistida con chaperón***, hace uso de la proteína HSC70 al reconocer a otras proteínas con la aprobación de la secuencia KFERQ, y de esa forma atrapa a las proteínas, una-por-una, hacia los lisosomas donde son degradadas.

Capítulo 8: Reparación de ADN, Reciclaje de Células, y Tecnología CRISPR

Bring them in and digest them. El tercer mecanismo, **macro-autofagia**, es un proceso de gran capacidad para digerir proteínas, orgánulos, y lípidos. Esta maquinaria consiste de 30 proteínas y *reguladores*, como se muestra en la **Figura 5**.

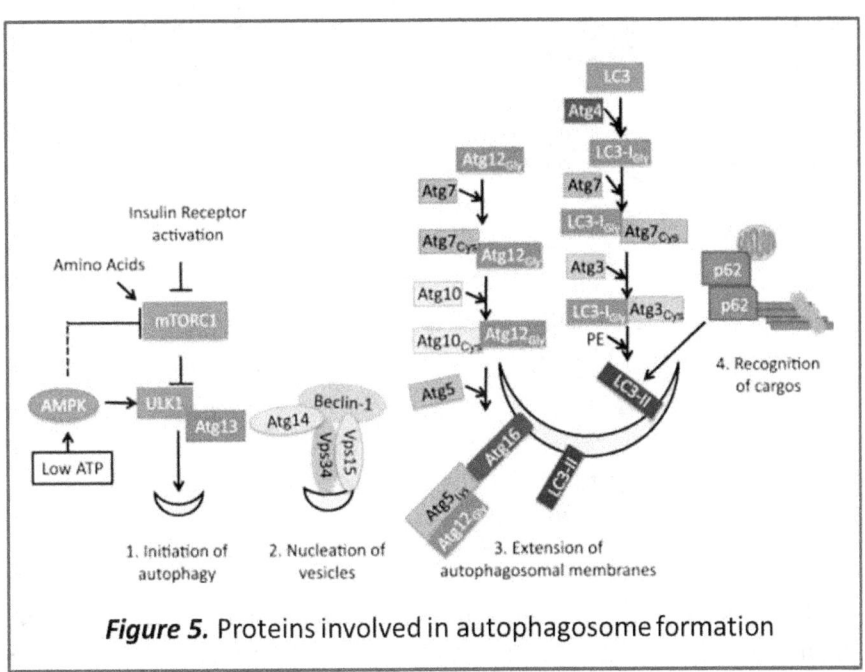

Figure 5. Proteins involved in autophagosome formation

¿Reguladores? Si, este camino regulador principal detecta amino ácidos y nutrientes disponibles con la ayuda del rapamycin (mTOR), el cual está asociado con el componente mTORC1 o bien el componente mTORC2. En presencia del amino ácidos, el mTORC1 se asocia con el Ras homologo. De esta manera, la ausencia de factor de crecimiento lleva a la inactivación de la proteína Akt, y la activación del *tuberous sclerosis* **TSC1/2**, como mostramos en **Figura 6**.

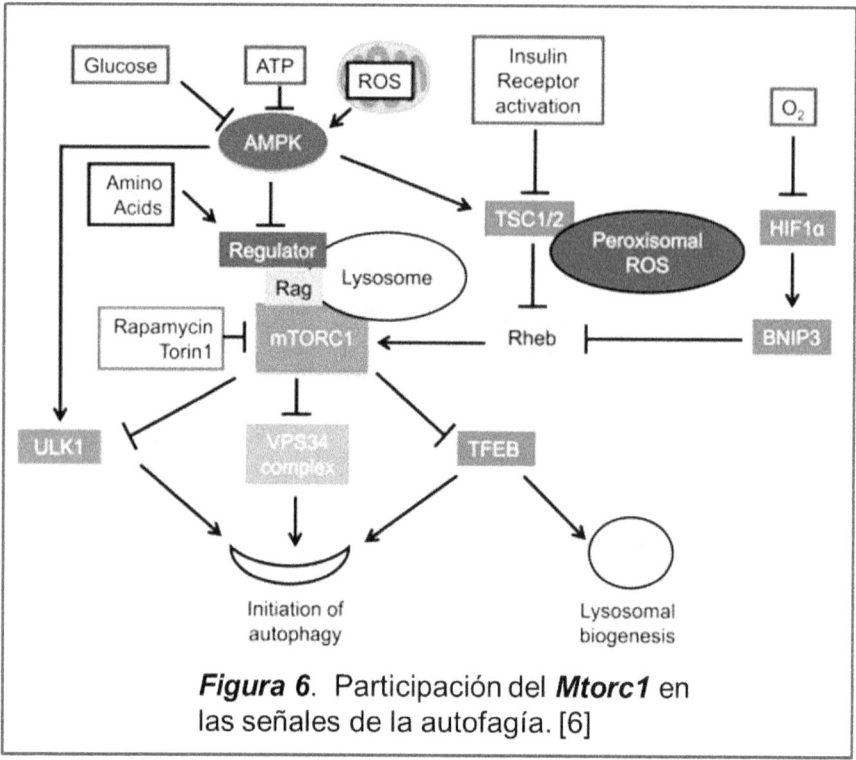

Figura 6. Participación del ***Mtorc1*** en las señales de la autofagía. [6]

La ausencia de oxigeno también puede activar la autofagia disminuyendo la función del mitocondria, como es el caso de las actividades mTOR. La investigación muestra que la autofagia juega un papel principal en el tratamiento de **enfermedades infecciosas** quitando proteínas bacteriales. La presencia de la autofagia retrasa la supervivencia del *M. tuberculosis*, como también la ausencia de autofagia "retrasa la limpieza de la infección del *Sindbis* virus."

Ingeniería Genética [Return]

En esta sección presentamos la oportunidad de aprender detalles básicos de la Ingeniería Genética, pero solamente elementos básicos:

> "La **Ingeniería Genética**, *también conocida como la* **modificación genética**, *representa la manipulación directa del genoma humano utilizando* **biotecnología**. *Es una colección de tecnologías utilizadas para cambian el*

Capítulo 8: Reparación de ADN, Reciclaje de Células, y Tecnología CRISPR

*contenido genético de las células, incluido la transferencia de genes de una especie a otra para producir organismos mejorados en algunos aspectos. Nueva ADN es insertada en el genoma huésped primero aislando y copiando el material genético de interés utilizando clonación molecular para generar una secuencia de ADN, o sintetizando el ADN, y a continuación insertando estos contenidos en el organismo anfitrión. Los genes pueden ser sacados utilizando **un nuclease**. La prueba de genes es una técnica diferente que utiliza **recombinación homóloga** para cambian un gene endógeno, y puede ser usado también para guitar genes, añadir genes, o introducir mutaciones.*"[2]

Una de las tecnologías de interés es la del ***Clustered Regularly Interspaced Short Palindromic Repeats*** (grupos de nucleótidos que se repiten en el ADN), conocida con el nombre de **CRISPR** (se pronuncia *crisper*), que provee una forma de inmunidad adquirida.

Un poco de historia, por favor. El descubrimiento de repeticiones de grupos de ADN ("*clusters of* ADN") ocurrió independientemente en 3 partes del planeta, realmente. Una primera descripción de CRISPR se debe a **Yoshizumi Ishino** en 1987 en la Universidad de Osaka, Japón, quine accidentalmente clonificó parte de un CRISPR con un ***Iap gene***. Al mismo tiempo aproximadamente, el CRISPR fue observado por ***Francis Mojica*** en la Universidad de Alicante, en el organismo *Haloferax Mediteranii;* también, **Ruud Jansen** en la Universidad de Utrecht, Holanda, y **Mojica** colaboraron en la publicación de artículos sobre la materia en revistas científicas. Después, en 2012, varios científicos se interesaron en la proteína ***Cas9***, un componente que incluye dos pequeñas moléculas de RNA. Fue entonces que ***Jennifer Doudna*** y **Emmanuelle Charpentier** modificaron la ingeniería del Cas9 para convertirla en otro componente fusionando las dos moléculas de RNA, que mezclada con la Cas9 puede encontrar e identificar la meta ADN ya especificada por una guía de RNA. Entonces, empecemos con una descripción básica de la tecnología CRISPR, y a continuación avanzaremos a la descripción del CRISPR/Cas9. ¿Preparados y listos?

Elementos básicos de la tecnología CRISPR [Return]

Como hemos citado anteriormente, esta tecnología fue descubierta en el proceso de estudiar el sistema inmune de una bacteria, un sistema responsable de proteger la salud del organismo. Tal como en los seres humanos, las bacterias pueden ser invadidas por los viruses, agentes que traen infecciones. Cuando una infección viral invade las células de la bacteria, el sistema inmune CRISPR contra-ataca destruyendo el genoma del virus invasor; tal genoma del virus contiene material genético necesario para continuar replicándose y finalmente apoderándose de la bacteria.

Como se muestra en la *Figura 7*, el virus está invadiendo la célula de la bacteria atravesando su membrana. Es entonces cuando el virus provee una *"separación"* con elementos de su propio genoma para integrarlo en la secuencia CRISPR; a continuación, la secuencia CRISPR es transcrita para generar pequeñas moléculas de CRISPR RNA, las cuales guían el sistema molecular a la meta de ADN y así destruir le genoma viral invasor.

.

Capítulo 8: Reparación de ADN, Reciclaje de Células, y Tecnología CRISPR

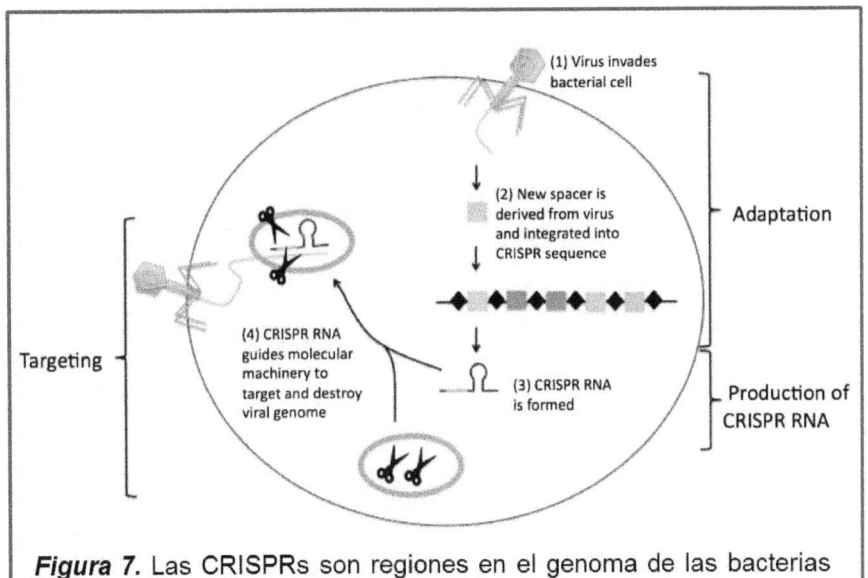

Figura 7. Las CRISPRs son regiones en el genoma de las bacterias que ayudan a defender contra los viruses invasores; compuestas de repeticiones de pequeños segmentos de DNA (cajas negras).[2]

Las *"separaciones"*, observamos, fueron derivados del ADN de los viruses que atacan a las células de la bacteria, para server como "memoria genética" de infecciones anteriores. De esta forma, cuando otra infección del mismo virus ocurre, el sistema de defensa del CRISPR se alerta y sabe a dónde ir en el ADN de su propia célula bacterial para destruir el genoma del virus. *¿Inteligente, no?*

Aplicaciones de la tecnología CRISPR. Las funciones de la tecnología CRISPR son de gran interés a las *industrias* que utilizan culturas bacteriales para hacerlas resistentes a la infecciones virales. *Danisco*, una compañía en la industria de la comida, utiliza esta tecnología para producir *yogurts* y quesos saludables. Científicos en los laboratorios han aprendido a sintetizar moléculas de RNA que pueden buscar y encontrar secuencias específicas de ADN en las células humanas; a continuación, estas "guías de RNA" mueven una maquinaria a la meta de ADN, como se muestra en la *Figura 8*.

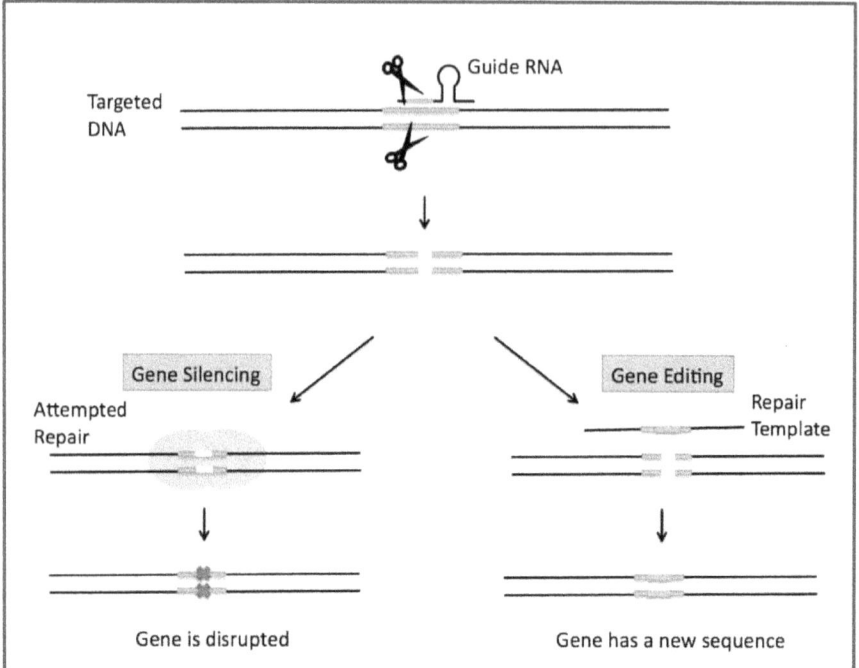

Figura 8. La guía ("Guide") de RNA esta diseñada para encontrar la región de ADN de interés, y entonces dirige elementos moleculares para cortar ambas tiras de esa región.

Una vez localizada e identificada la región de ADN de interés, la maquinaria molecular silencia el gene y cambia la secuencia de tal gene. Una importante aplicación de esta tecnología es la de acelerar el diseño de modelos de animales con cambios genéticos precisos, y de esa forma estudiar el tratamiento de enfermedades en los humanos.[2]

Extensión a la tecnología CRISPR/Cas9 [Return]

Esta tecnología consiste de una "guía" de RNA (le llamaremos *gRNA*) y de la proteína Cas9, como se muestra en la ***Figura 9***:

> "*CRISPR consiste de dos componentes: (1) la guía de RNA (gNNA), y (2) la proteína Cas9. La gRNA is una síntesis de RNA compuesta de una secuencia "andamio" necesaria para unirse al Cas9, y una separación de 20 nucleótidos*

Capítulo 8: Reparación de ADN, Reciclaje de Células, y Tecnología CRISPR

(aproximadamente) que define la meta genómica a ser modificada. De esta forma, podemos cambiar la meta genómica del Cas9 simplemente cambiando la secuencia meta en el gRNA. CRISPR fue inicialmente utilizado para fulminar varios genes metas ("targets") en las varias células de organismos, pero modificaciones a la enzima Cas9 han extendido la aplicación de CRISPR a áreas específicas del ADN utilizando **microscopia fluorescente**. *Además, la facilidad de generar gRNA hace de CRISPR una de las mejores tecnologías "editoras."*[3]

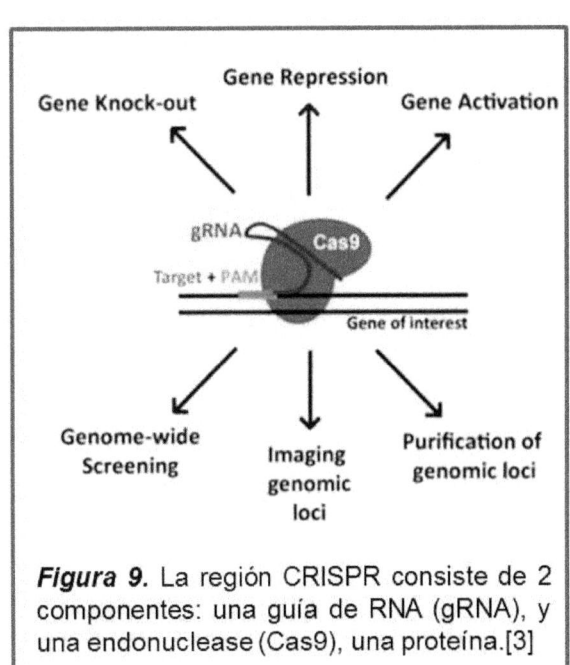

Figura 9. La región CRISPR consiste de 2 componentes: una guía de RNA (gRNA), y una endonuclease (Cas9), una proteína.[3]

También, la tecnología CRISPR/Cas9 puede ser utilizada para generar ataques a viruses invasores generando gRNA específicos al gene meta, como se muestra en la ***Figura 10***. Recordemos: "*El genoma meta puede ser una secuencia de 20 nucleótidos (aprox.)*", dadas las siguientes dos condiciones:

1. *La secuencia es única comparada con el resto del genoma.*
2. *La secuencia "meta" ("target) está presente inmediatamente adelante en un P̲roto-spacer A̲djacent M̲otif (**PAM**).*

*La secuencia PAM es absolutamente necesaria para buscar y encontrar ese genoma meta, y la secuencia exacta depende de la especie de Cas9 (5' NGG 3' en el Streptococcus pyogenes Cas9). Nos enfocamos en el Cas9 del **S. pyogenes** ya que es el más utilizado. Una vez "expresada", la proteína Cas9 y la gRNA forman un complejo riboproteino. La Cas9 hace una transformación con el apareamiento con el gRNA. Recalcamos, que la secuencia de "separación" permanece libre para interactuar con la ADN meta. El complejo Cas9-gRNA se pega a la secuencia genómica con un PAM."*[3]

Capítulo 8: Reparación de ADN, Reciclaje de Células, y Tecnología CRISPR

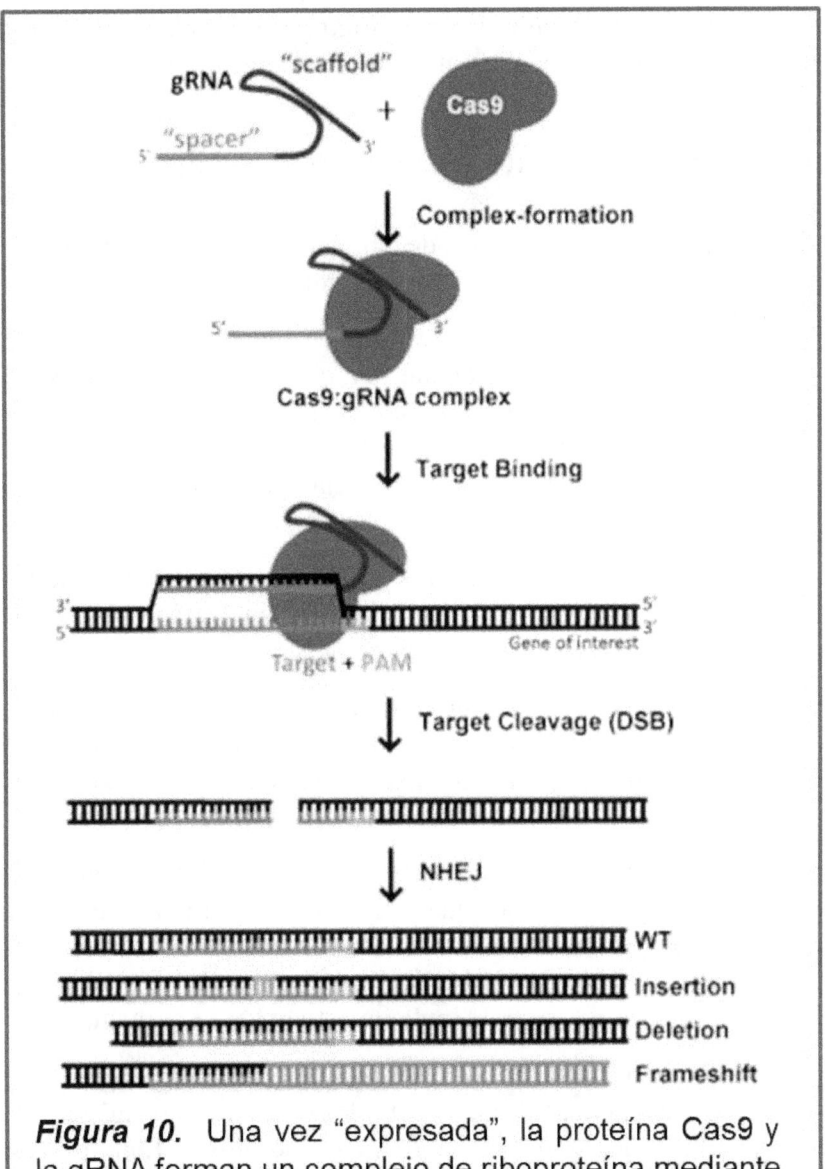

Figura 10. Una vez "expresada", la proteína Cas9 y la gRNA forman un complejo de riboproteína mediante interacciones entre el gRNA (el andamio) y las partes positivamente cargadas del Cas9.

La AND "meta" puede entonces ser reparada por uno de estos dos métodos: (1) un pasillo no-homologo pero eficiente (NHEJ), o bien (2) un pasillo menos eficiente pero de gran fidelidad (HDR).

Síntesis de Pensamiento y Conocimiento, con Preguntas [Return]

Hemos examinado las causas de daño al ADN, y nos hemos introducido a las nuevas tecnologías disponibles para reparar esos segmentos de ADN:

- El daño al ADN puede ser el resultado de *radiación ultravioleta (UV)*, así como también el resultado de actividades metabólicas normales; tantas como un Millón de lesiones moleculares al día, por individuo, pueden resultar.

- Un número de impactos negativos en el ADN pueden aparecer en la forma de *cáncer* y en la *disminución de años de vida.*

- Afortunadamente hoy día, un número de *nuevas tecnologías* de reparación del AND han sido creadas y se pueden dirigir a una lista larga de genes y su ADN asociados con una lista larga de enfermedades.

- El reciclaje de componentes de la célula es hoy día reconocido como una actividad importante llevada a cabo por las células mismas; por este descubrimiento, el Premio Nobel 2016 ha sido otorgado a *Yoshinori Ohsumi* por su trabajo de investigación en esta área.

- Por su trabajo de investigación en tecnologías que buscan, encuentran, y reemplazan secuencias dañadas de ADN, los nombres de *Jennifer Daudna* y *Emmanuelle Charpentier* brillan por sus contribuciones en el desarrollo de la tecnología *CRISPR/Cas9*.

Pregunta 1: ¿Es el daño causado al ADN por la radiación ultravioleta (UV) y por los procesos metabólicos *temporal o permanente*? ¿Es ese daño al ADN reparado

Capítulo 8: Reparación de ADN, Reciclaje de Células,
y Tecnología CRISPR

por mecanismos celulares, o simplemente se acumula con el tiempo en nuestras células y ADN?

Pregunta 2: ¿Cómo es el daño causado a genes específicos en los genes de un órgano en particular de impacto a genes del mismo tipo en otros órganos del cuerpo humano?

Pregunta 3: ¿Cuando la tecnología **CRISPR/Cas9** es aplicada en la forma de medicamento a través de la sangre, es esa medicación dirigida a un grupo de genes específicos en un órgano, y solamente a ese órgano, o es ese medicamento aplicado a todos los genes del mismo tipo en todo el cuerpo humano?

Pregunta 4: *¿Cuánto tiempo* requiere un gene para producir su proteína, 1 minuto, 5 minutos, 1 hora o más?

Capítulo 9: ¿Mucha ADN pero poco Conocimiento?

*"Con el adviento de las nuevas tecnologías para secuenciar y analizar genomas, ha venido también un interés por una gran parte del genoma humano al que se le da el nombre de "**ADN basura**" ("Junk DNA"). Mientras que este es un tema de considerable importancia en la biología del genoma, existe desafortunadamente una tendencia en los investigadores y escritores de ciencias a ignorar este tema sin abordar los temas fundamentales que originaron ese nombre."*
--***Alexander F. Palazzo y T. Ryan Gregory***, "The Case for Junk DNA"[1]

Introducción

En capítulos anteriores nos hemos familiarizado con una gran variedad de estructuras de ADN y sus funciones, con la lista larga de enfermedades que tienen un origen en genes alterados, y una lista de tecnologías dirigidas a reparar daño en el ADN. Sabemos ahora que nuestros cromosomas están repletos de genes, más de 20.000 genes, y aun así algunos científicos aseguran que tal número de genes representa tan solamente el *1,2%* de genoma total, y que el otro *98,8%* de los genes representan "*ADN basura*" ("*Junk DNA*"). ¿Es eso lo que dicen, "ADN basura", ADN sin valor alguno? Posiblemente relacionado a este tema, también preguntamos *¿dónde están las instrucciones necesarias, el "libro de instrucciones", para determinar y diseñar el tamaño y la distribución de órganos en el cuerpo humano?* ¿Es esta información todavía fuera del alcance de la investigación llevada a cabo hoy día por químicos y biólogos? Por lo tanto, en este capítulo propongo que escuchemos a un número de bioquímicos, biólogos evolutivos, y genetistas quienes compartirán con nosotros sus conocimientos, razones, y evidencia en respuesta a estas preguntas. Temas para este capítulo:

> Contenidos:
> - **Un argumento a favor del "ADN basura"**
> - **Funcionalidad del ADN que no codifica proteínas**
> - **Mecanismos de Expresión de Genes**
> - **Instrucciones del ADN para determinar el tamaño y distribución de los órganos en el cuerpo humano**
> - **Síntesis de Pensamiento y Conocimiento, con Preguntas**

Un argumento a favor del "ADN basura" [Return]

T. Ryan Gregory de la Universidad de Guelph, Ontario, Canadá, es un joven científico a favor de la hipótesis que dice que mucho del contenido de nuestros cromosomas es "*ADN basura*", como escuchamos a continuación:

> "*El genoma humano contiene alrededor de 20.000 genes, es decir las secuencias de ADN que sintetizan proteínas.*

Capítulo 9: ¿Mucha ADN pero poco Conocimiento?

*Pero estos genes representan aproximadamente y solamente el **1,2%** del genoma total. El otro **98,8%** no codifica proteína alguna.* **Ryan Gregory** *es de la opinión que mientras parte de ese 98,8% es esencial, muy probablemente hace nada para nosotros, y hasta recientemente muchos biólogos estaban de acuerdo con él. Estudiando el genoma con las mejores herramientas y tecnologías, ellos(as) creen que solamente una pequeña parte de ese "ADN basura" muestra evidencia de tener función alguna. Pero en los últimos años la marea ha dado vuelta en ese campo. Estudios recientes revelan una riqueza de nuevas piezas que parecen ser importantes para nuestra supervivencia. Muchos de esos genes pueden codificar moléculas, posiblemente, que ayudan a nuestro desarrollo desde el huevo fertilizado a un adulto, por ejemplo. Si estas partes de "ADN basura" son dañadas, podemos sufrir daño al cerebro o cáncer. Otros estudios del genoma motivan a un gran número de científicos a pensar que el genoma humano revelará mucha más actividad que previamente anticipada.*

Francis Collins, *el director del National Institutes of Health (NIH), ha hecho un comentario que revela que tan lejos va este cambio de pensamiento. En una conferencia en San Francisco un miembro de la audiencia le pregunto sobre el "ADN basura", respondiendo: "Ha sido un caso de **arrogancia** el presumir que pudiéramos dispensar de parte alguna del genoma, como si supiéramos suficiente para decir que no tiene funcionalidad." Mucho del ADN que algunos científicos creían que solamente ocupaba espacio en el genoma, está realizando muchas funciones, comentó Collins."*[1]

Tan recientemente como 1964, el biólogo Alemán **Friedrich Vogel** estimó que debía haber unos 6,7 Millones de genes, todos ellos codificando proteínas. Más tarde, sin embargo, él se dio cuenta de que tal número era muy elevado:

*"**Vogel** especuló que gran parte del genoma humano estaba compuesto de DNA que genera proteínas,*

145

*posiblemente operando como interruptores, por ejemplo, poniendo genes en marcha ("on") y fuera de actividad ("off"). Pero otros científicos reconocieron que esta idea no tenía sentido matemáticamente. De promedio, cada bebé nace con **100 mutaciones**, aproximadamente. Si cada pieza del genoma fuera esencial, entonces muchas mutaciones llevarían a defectos de nacimiento, con esos defectos multiplicándose con cada generación; en menos de un siglo, nuestra especie humana hubiera desaparecido.*"[1]

Tenemos también el caso de **John Rinn**, un biólogo de 38 años que lleva en marcha una docena de proyectos de ADN, cada uno con una hipótesis diferente respecto a la función de esos genes que no codifican proteínas:

*"**John Rinn** estudia RNA, pero no el RNA que nuestras células utilizan como patrones para hacer proteínas. Muchos científicos han sabido por mucho tiempo que el genoma humano contiene algunos genes para otros tipos de RNA: es decir, tiras de nucleótidos que ayudan a fusionar los diferentes bloques de proteínas. En el año 2000, Rinn y otros científicos descubrieron que las células humanas leían miles de segmentos de su ADN, no solamente las partes que codificaban proteínas. Se preguntaban si esas moléculas de RNA pudieran estar sirviendo otras funciones vitales. Después de unos años de investigación, él y otro profesor, **Howard Chang**, se concentraron en una molécula RNA producida dentro de las células de la piel, debajo de las "muñecas" de la mano. Ellos eran conscientes que este patrón pudiera ser sin importancia, pero se pusieron a investigarlo. Querían dar un nombre a esta molécula, así que le dieron un nombre "en broma", el de "**aire caliente**" ("hotair"). Si todo esto termina en ser simplemente aire caliente, por lo menos hicimos todo lo posible, comento Rinn.*"[1]

Esa intuición de **Rinn** le llevó a hacer descubrimientos en el ADN en 2007 que sorprendió a otros científicos:

Capítulo 9: ¿Mucha ADN pero poco Conocimiento?

*"**John Rinn** llevó a cabo una serie de experimentos con células de la piel para averiguar si el "aire caliente" estaba haciendo algo. Cuidadosamente el sacó aire-caliente moléculas de las células y las examino para ver si estaban pegadas a otras moléculas. Efectivamente, si estaban pegadas: estaban pegadas a una proteína de nombre **Polycomb**; esta proteína pertenece a un grupo de proteínas que son esenciales en el desarrollo de animales a partir del huevo fertilizado. Ponen en marcha ("on") y los apagan ("off") en diferentes patrones, tal que **un grupo uniforme de celulas produce hueso, musculo, y el cerebro**. Polycom se engancha a un número de genes, para que no puedan hacer proteínas. Como tal, John Rinn pudo revelar que las moléculas de aire-caliente actúan como un guía para el Polycomb, pegándose a él y guiándole a través de una jungla en la célula al lugar preciso de nuestra ADN donde se requiere **silenciar a un grupo de genes**. Cuando Rinn anuncio estos resultados en 2007, otros científicos quedaron "boca-abiertos" de sorpresa. La revista científica que publico estos resultados los aclamó como un gran descubrimiento, calificando el artículo de Rinn como uno de los más importantes publicados en esa revista científica."*[1]

La investigación y la controversia sobre el *"ADN basura"* continuara durante años, sin duda alguna. Al final de este capítulo postularemos una lista de preguntas sobre este tema.

Funcionalidad del ADN que no codifica Proteínas
[Return]

Como ya hemos escuchado, muchos científicos rehúsan creer en el término *"ADN basura"* refiriéndose a los genes que no sintetizan proteínas y, por otro lado, creen que parte de ello desarrollan muchas funciones, y mucha investigación está pendiente. Escuchemos a más argumentos and ambos lados de esta controversia:

"En la genética y disciplinas relacionadas, las secuencias de ADN que no codifica proteínas tiene varias funciones. Ese ADN se transcribe a moléculas RNA que tampoco codifican (ej., RNA de transferencia, RNA de ribosoma, y RNA reguladora). Otras funciones de ese ADN incluye la regulación de secuencias de proteínas, regiones de "andamios", asistencia con la duplicación del ADN, centrómeros, y telomeros.

El proyecto de la **international Encyclopedia of DNA Elements** *(****ENCODE****) ha descubierto que por lo menos el **80%** del genoma humano tiene actividad bioquímica. Aunque estos resultados no se esperaban, algunos científicos criticaron la conclusión por confundir actividad bioquímica con función biológica. Estimaciones sobre la función biológica de nuestro genoma basada en comparaciones se encuentra entre el 8% y el 15%. Sin embargo otros científicos argumentan sobre el uso único de estadísticas ya que el ADN que no codifica está involucrada en actividad epigenetica que está siendo explorada en biología evolutiva."* [7]

Es más, existe **una gran variedad de secuencias de ADN que no codifica,** como se ha descubierto:

*"****RNA que no codifica proteínas.*** *Ejemplos de este RNA son el RNA de ribosomas, RNA de transferencias, y microRNA.*

MicroRNAs*, por ejemplo, muy probablemente controlan la actividad de traducción ("translational") de aproximadamente el 30% de los genes que codifican proteínas en los mamíferos, y pueden ser componentes vitales en el tratamiento de varias enfermedades, incluidas **cáncer**, enfermedad **cardiovascular**, y el **sistema inmune contra infecciones.***

Cis- y elementos trans-reguladores. *Son secuencias que controlan la **transcripción de genes cercanos**. Están involucrados también en la evolución y control del*

Capítulo 9: ¿Mucha ADN pero poco Conocimiento?

desarrollo, y localizados en las regiones 5´ y 3´, o bien dentro de los intrones. Los elementos trans-reguladores controlan la transcripción de genes distantes.

Cis-regulatory elements are sequences that control the **transcription** of a nearby gene. Many such elements are involved in the evolution and control of development. Cis-elements may be located in 5' or 3' untranslated regions or within introns. Trans-regulatory elements control the transcription of a distant gene.

Introns. Son secciones de un gene, transcritas dentro de la secuencia mRNA, aunque finalmente eliminadas por el RNA durante el proceso de madurez del RNA mensajero. Muchos introns dan la impresión de ser elementos genéticos que se mueven. Estudios indican que algunos introns parecen ser independientes, neutrales a su anfitrión. Otros intrones parecen tener una función biológica significativa, posiblemente a través de la función de los ribosomas para regular actividad de los tRNA y rRNA, y para regular la **expresión** de algunos genes.

Pseudogenes. Estos son secuencias de ADN que han perdido la habilidad de codificar proteínas, o que ya no se expresan en la célula. Pseudognes originan durante la retro-transposición o duplicación genética de los genes, y se convierten en *"fósiles del genoma"* que ya no tienen función debido a mutaciones. La **ley de Dollo** sugiere que la perdida de función de los pseudogenes es permanente; genes silenciados pueden retener funcionalidad durante millones de años, y después pueden ser "reactivados" para codificar proteínas.

Secuencias repetidas, transposons, y elementos virales. Estos elementos constituyen grandes proporciones de las secuencias de genoma de muchas especies. Secuencias *"Alu"*, clasificadas como cortos elementos del núcleo, son los elementos más abundantes que se mueven en el genoma humano.

> *Más del 8% del genoma humano está hecho de secuencias del endógeno retrovirus, como parte del 42% derivado de los retro-tramposos, mientras que otro 3% puede identificarse como restos de transpones de ADN. Tanto como el resto de la mitad del genoma que no tiene un origen explicado se cree puede tener un origen arcaico (unos 200 Millones de años) que las mutaciones los han rendido sin origen reconocible.*
>
> **Telomeres.** *Regiones de ADN que se repiten al final de un cromosoma, que posiblemente proveen protección al deterioro del cromosoma durante la reproducción del ADN.*

Muy prometedoras en la investigación del futuro son algunas de las *funciones biológicas* del ADN que no codifican ("ADN basura"):

> *"Muchas secuencias de AND que no codifica tienen funciones biológicas de importancia, como así lo indican estudios comparativos del genoma, hasta en tiempos que representan cientos de Millones de años, indicando que estas secuencias están sometidas a grandes fuerzas evolutivas. Por ejemplo, en* **los genomas de humanos y ratones, los cuales empezaron a divergir de un ancestro común hace 65-75 Millones de años**, *las secuencias de ADN que no codifica representa solamente el 20% del ADN total. Se ha identificado regiones del cromosoma asociadas con una enfermedad sin evidencia de variantes de genes, que sugiere que* **los variantes de genes que causan enfermedades se encuentran en la parte del ADN que no codifica proteínas**. *Estos polimorfismos genéticos han demostrado tener un rol en* **enfermedades infecciosas**, *como la* **hepatitis C** *y el* **cáncer de hueso pediátrico**.
>
> **Protección del genoma.** *El ADN que no codifica proteínas separa a un gene de otro con* **largos espacios**, *tal que la mutación de un gene o parte de un cromosoma, no tiene efecto en todo el cromosoma. Cuando la complejidad de un genoma es alta, como en el caso del genoma humano, no*

Capítulo 9: ¿Mucha ADN pero poco Conocimiento?

solamente entre genes, sino también dentro de los genes, existen espacios de **introns** para proteger el resto del cromosoma.

Interruptores Genéticos. Estos interruptores regulan cuando y donde los genes se **expresan**. Por ejemplo, una larga molécula de RNA que no codifica (lncRNA) fue descubierta recientemente que asiste en la prevención de cáncer de pecho. *¿Cómo?* No permitiendo a un interruptor genético quedarse sin funcionalidad.

Regulación de la expresión de genes. Algunas secuencias del ADN que no codifican proteínas ("ADN basura") determinan los niveles de expresión de varios genes. Además, algunos variantes de secuencias que no codifican están asociados con la variación en niveles de expresión de mRNAs.

Factores de Transcripción. Algunas secuencias de ADN que no codifica determina donde los factores de transcripción se pegan, se localizan. Este tipo de factor es una proteína que se pega a una secuencia específica de ADN que no codifica, de esa forma controlando el flujo de información genética de ADN al mRNA. También, estos factores actúan en diferentes lugares en los genomas de las personas.

Operadores. Estos son segmentos de ADN a los cuales un "represor" se pega. Un represor es una proteína que regula la expresión de uno o más genes pegándose, adhiriéndose, al operador y bloqueando el acoplamiento del RNA polimarase al promotor, y de esa forma impidiendo la transcripción de los genes. A este bloqueo se le llama "**represión**."

Potenciador ("enhancer"). Un potenciador es una región pequeña del ADN que puede estar sujetada con proteínas, similar a un grupo de factores de transcripción, para potenciar a genes dentro de un grupo de genes.

Silenciadores. Un silenciador es una región de ADN que cesa la expresión de un gene cuando este está adherido a una proteína reguladora. Funcionan de una forma similar *a los potenciadores, solamente variando en la forma de cesar la expresión de los genes.*

Promotores. *Un promotor es una región del ADN que facilita la transcripción de genes. Típicamente localizados cerca de los genes que regulan.*

Aislantes. *Un aislante genético es un elemento que juega dos roles en la expresión de gene, ya sea como bloqueador del potenciador, o como una barrea contra la cromatina condensada."*[7]

Interesantemente, una tercera contribución del ADN que no codifica ("ADN basura") se encuentra en el área de **actividad forense** y lucha contra el crimen, como va vimos en **Capitulo 7, Leyendo una Secuencia de ADN**.

enough, a third contribution of noncoding DNA is in the area of forensics and crime fighting, as we saw earlier in **Chapter 7, DNA Sequencing**. Lo que no mencionamos en ese capítulo es que las 13 secuencias de ADN que se usan para hacer "**huellas de DNA**", están ubicadas en las regiones de ADN que no codifica proteínas ("ADN basura"):

"Hoy día los estándares forenses para comparar secuencias de ADN están basados en un análisis de los cromosomas localizados dentro del núcleo de las células humanas. El material de los cromosomas está compuesto de regiones que "codifican" y no codifican proteínas. Las regiones que codifican son conocidas como genes y contienen la información necesaria para codificar proteínas... Las regiones de ADN que no codifican han sido calificadas por algunos científicos como "ADN basura" y, sin embargo, **estas son las regiones de ADN usadas en actividad forense para identificar a una persona con certeza.***"*[7]

Mecanismos en la Expresión de Genes [Return]

Como ya hemos establecido, dentro de cada célula hay unos 20.000 genes, de los cuales unos son "activos" y otros no lo son durante periodos de tiempo. ¿Por qué? Cuando un gene está activo

Capítulo 9: ¿Mucha ADN pero poco Conocimiento?

generalmente produce una proteína. A este proceso de convertirse en *"activo"* o quedarse *"dormido"* se le da el nombre de "expresión de gene." En esta sección nos proponemos una trayectoria por los detalles de este proceso:

*"¿Cómo es que una célula específica a un gene, entre Miles de genes, de expresarse? Esta decisión es importante en organismos multi-celulares particularmente, ya que los tipos de células en los músculos, nervios, y en la sangre se hacen diferentes la una de la otra. Tal diversificación es el resultado de la acumulación de diferentes grupos de RNA y proteínas: es decir, **diferencias en la expresión de genes**. ¿Pero cómo lo hacen? Si la ADN fuera alterada irreversiblemente durante su desarrollo, los cromosomas de otra célula serían incapaces de guiar el desarrollo del organismo entero. Los experimentos con animales y plantas muestran que el ADN en células especializadas aún mantienen todas las instrucciones para formar un organismo completo. Por lo tanto, las células de un organismo difieren no porque contienen diferentes genes, sino porque **estos genes se expresan de manera diferente**.*

*El alcance de las diferencias en la **expresión** de los genes entre células de diferentes tipos puede entenderse en parte comparando la composición de proteínas en células del hígado, corazón, cerebro, etc., usando la técnica de la gelatina electroforesis. Experimentos de esta clase revelan que muchas proteínas son comunes a todas las células de un organismo multi-celular. Estas proteínas incluyen RNA polimerases, enzimas para reparar el ADN, proteínas del ribosoma, enzimas involucradas en glicolisis, y otros procesos metabólicos. Cada tipo de célula produce proteínas especializadas y responsables de las propiedades distintivas de la célula. En los mamíferos, por ejemplo, la hemoglobina está hecha en reticulocitos, las células que se transforman en células rojas de sangre, pero esa hemoglobina no puede ser detectada en otro tipo de célula.*

La expresión de los genes también puede ser estudiada monitorizando las mRNAs que codifican proteínas. El número de diferentes secuencias de mRNA en los humanos sugiere que, en cualquier momento, una célula llega a expresar entre 5.000-15.000 genes de la colección total de 25.000 genes. Entonces, **es la expresión de diferentes colecciones de genes en cada tipo de célula la que causa variaciones en tamaño, forma, comportamiento, y función de las diferentes células.**

La **expresión** *de genes puede ser regulada a lo largo de los muchos pasos en la conversión de ADN a RNA a proteína. Si las diferencias entre los diferentes tipos de células de un organismo dependen de genes específicos, entonces ¿***a qué nivel se ejercita el control de la expresión del gene***? Hay muchos pasos en la trayectoria de ADN a proteína, y todos ellos en principio pueden ser regulados. Por lo tanto, una célula puede controlar las proteínas que fabrica: (1) controlando cuando y como un gen especifico es transcrito, (2) controlando como un transcrito de RNA es unido o procesado, (3) seleccionando mRNAs a ser exportadas desde el núcleo a el citosol, (4) selectivamente degradando ciertas moléculas de mRNA, (5) seleccionando las mRNAs que van a ser trasladadas por ribosomas, o bien (6) selectivamente activando o desactivando proteínas una vez que están se han codificado.*"[4]

Para estas fechas, un progreso significante se ha realizado en la identificación de genes asociados con tejidos humanos, como nos informa el **National Cancer Institute (NCI),** una organización que es parte del **National Institutes for Health (NIH)**:

"Investigadores en el **National Cancer Institute (NCI)**, *han construido una voluminosa base-de-datos para tejidos normales procedentes de órganos humanos. Científicos en busca de genes que se han alterado (defectuosos) y can causan enfermedades pueden utilizar esa base-de-datos como punto de referencia porque esa base-de-datos identifica cuales son los genes que se han expresado en órganos en condiciones normales (sin enfermedad). Los científicos(as) pueden comparar los genes de sus muestras biológicas con las de la base-de-datos de expresión*

Capítulo 9: ¿Mucha ADN pero poco Conocimiento?

normal. "Genes identificados por la base-de-datos como activos de una forma anormal en una enfermedad pudieran convertirse en objetivos, guiando a investigadores a nuevas terapias de drogas, como explica **Javed Khan, M.D.**, *director del Oncogenomics Section del NCI's Pediatric Oncology Branch. "La base-de-datos NCI es una importante contribución al conocimiento sobre la expresión del gene en tejidos normales", añade James Jacobson, Ph.D., actuando como jefe del* **Diagnostics Research Branch in NCI's Division of Cancer Treatment and Diagnosis**. *"Esta base-de-datos da a investigadores una referencia contra la cual comparar información sobre la expresión de genes de tumores u otras enfermedades, y será un recurso de gran valor para la comunidad de investigadores.",,*[5]

Instrucciones del ADN para determinar el tamaño y distribución de los órganos en el cuerpo humano [Return]

Hoy día, hasta este punto en la investigación del ADN, no parece que exista una respuesta a la pregunta sobre instrucciones del ADN para construir el tamaño de órganos y su distribución por el cuerpo humano. Muy posiblemente esta es una de varias preguntas que nos inclinan a creer que hemos descubierto **tan solamente el 2%-3% del conocimiento y funcionalidad del ADN**. Sí, tenemos cantidad de evidencia sobre como las células se reproducen y se diversifican durante el proceso embrionico, en términos de observaciones sobre el tamaño y ubicación de órganos durante las primeras semanas de ese proceso, pero eso precisamente lo que tenemos: **observaciones, y nada más**. Todavía no hemos descubierto la "caja" en el ADN donde las instrucciones residen para la "construcción" y "ubicación" de los órganos. *¿Dónde reside el "taller de ingeniería" con las instrucciones?* Consideremos unos ejemplos.

El corazón humano. Un órgano muscular que bombea sangre a través de los vasos sanguíneos del sistema circulatorio; dividido en cuatro cámaras: arriba-izquierda, abajo-izquierda, atria derecha, y ventrículos de la derecha; envuelto en un saco protector, el *pericardium*. ¿Cómo sabe el corazón que una vez que ha entrado en su interior el flujo de sangre a través de la vena cava superior, la válvula tricúspide se cerrara, y que el corazón se comprimirá para empujar la sangre hacia afuera a través de la arteria pulmonar? ¿Cómo se le comunica al embrión que la arteria aorta, la vena cava superior, le vena pulmonaria, la válvula mitral, así como los otros conductos y estructuras serán construidos dentro del corazón? *¿Ubicación?* Si, ¿cómo comunica el ADN (u otra estructura) al proceso embrionico que el corazón debe estar ubicado dentro del pecho, y no en uno de los dos codos del nuevo organismo, por ejemplo? *¿Tamaños y proporciones?* Sí, ¿cómo comunica el ADN a al nuevo organo que el tamaño del corazón deber ser del tamaño de un puño cerrado, y no del tamaño de una bola de básquetbol?

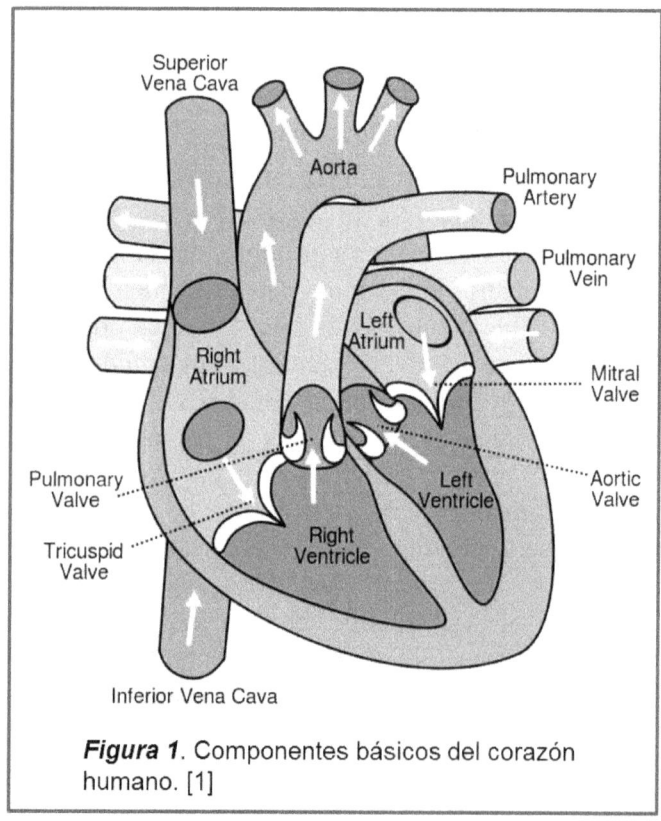

Figura 1. Componentes básicos del corazón humano. [1]

Where in the DNA structure, or elsewhere, are the instructions mapped so that the embryonic process can construct the complexity of arteries and veins in the human heart? A total of six veins bringing the bloodstream into the heart, and a total of five arteries conducting the bloodstream out of the heart, as shown on *Figure 1*. How does the embryonic process know that the veins and arteries need to be circular, and that their diameter ought to be in the order of 3-8 millimeters, and not in the order of the size of a dollar quarter coin?

El cerebro humano. Un órgano del sistema nervioso central humano, ubicado dentro de la cabeza, protegido por el cráneo. Mucho del tamaño de cerebro viene del córtex cerebral, especialmente los lóbulos frontales los cuales están asociados con funciones ejecutivas de control, planificación, razonamiento, y pensamiento abstracto, como se muestra en *Figura 2*.

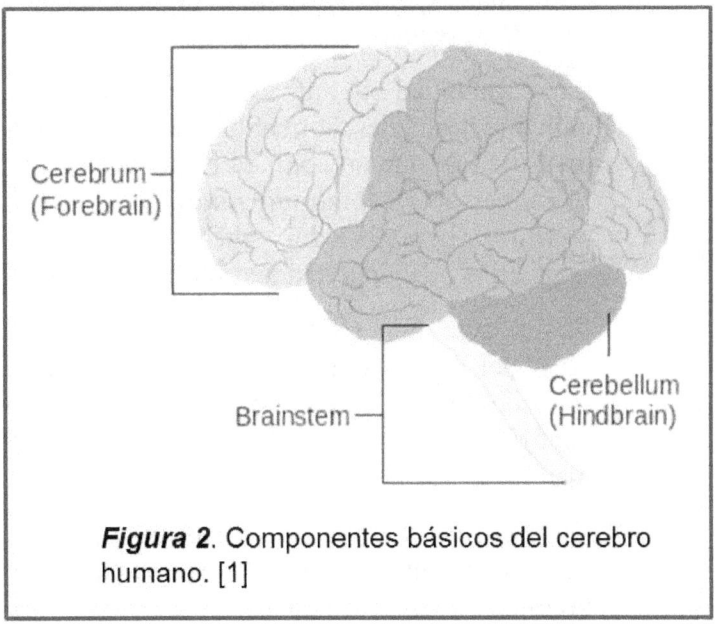

Figura 2. Componentes básicos del cerebro humano. [1]

Una vez más, *¿cómo sabe el proceso embrionico de las instrucciones necesarias para construir las varias partes del cerebro?* ¿Cómo sabe el proceso embrionico que el cerebrum debe ir al frente de la cabeza, y que el "brainstem" debe ir dirigido al cordón espinal, y que este cordón debe residir dentro de la columna vertebral? No tenemos una respuesta, todavía, no sabemos dónde el *"libro de instrucciones"* reside, aunque sospechamos que debe residir dentro de la región de "ADN basura". Hasta la fecha la ubicación de estas instrucciones es desconocida, materia de investigación en el futuro, digamos. Por lo tanto, todavía no hemos descubierto la ubicación del *"taller de ingeniería"* en la estructura del ADN, o en otra estructura human, todavía no.

Síntesis de Pensamiento y Conocimiento, con Preguntas [Return]

Solamente unas respuestas existen hoy día a preguntas sobre la funcionalidad del ADN:

- Hoy día, un número de investigadores(as) afirman que solamente el *1,2%* del genoma humano produce proteínas, y que el otro *98,8%* no produce proteínas, que es *"ADN basura"*, como ellos(as) le llaman.

- La comunidad de investigadores de hoy día, sin embargo, está descubriendo actividad biológica dentro de ese ADN que no codifica proteínas, y que entre otras funciones opera como un *"interruptor"* activando genes (*"on"*) y desactivando (*"off"*) esos genes, así como también ayudando a fusionar bloques de proteínas.

- El proyecto *ENCODE* insiste en que por lo menos el 80% del genoma humano tiene funciones biológicas, incluido el RNA que no codifica y microRNA que controla la capacidad de traducción de *30%* de los mamíferos.

- Otra contribución del "ADN basura" son las *13 regiones* de cromosoma utilizadas en la *ciencia forense* para producir "huellas de ADN."

- Algunos estudios sugieren, sin embargo, que *variantes de ADN* que producen enfermedades residen dentro de la región de "ADN basura."

Capítulo 9: ¿Mucha ADN pero poco Conocimiento?

- Ahora sabemos que la *expresión de genes* es regulada a lo largo de los varios pasos en la trayectoria de ADN a RNA, a proteína.

- Hasta la fecha, la comunidad de investigadores no ha producido evidencia sobre la ubicación del "libro de instrucciones", o bien el *"taller de ingeniería"*, para el diseño y construcción de órganos, como tampoco instrucciones para la distribución de los órganos en el cuerpo humano.

Pregunta 1: ¿Porque la investigación de hoy día se centra en las funciones del ADN que codifica proteínas principalmente? Otras funciones bioquímicas del ADN pudieran ser importantes también.

Pregunta 2: ¿Dónde reside la *"necesidad de reproducción"* de humanos en el genoma humano? ¿Está esa necesidad basada en placer sexual principalmente, o existen otros factores?

Pregunta 3: ¿Tiene acaso *inteligencia* la estructura del ADN, o simplemente responde a señales *"robóticas"* dentro de su entorno genético y de factores ambientales externos. Obviamente, los seres humanos adquieren inteligencia (en sus varias formas) después del desarrollo embrioncito, entonces ¿es la estructura de ADN meramente robótica, o tiene inteligencia?

Capítulo 10: ADN y la Toma de Decisiones

*"Sabemos que la gente proviene de una gran variedad de culturas y que son susceptibles a tendencias y **prejuicios** en la **toma de decisiones**, y que aun con disciplina es difícil deshacerse de estos prejuicios. Esto implica que las fuertes **influencias genéticas** pudieran tener un papel importante en la forma de considerar marcos de decisiones."*

-- ***Jonathan Roiser***, genetista, UCL Institute of Cognitive Neuroscience, USA[1]

Ambrose Goikoetxea, Ph.D.

Introducción

En este capítulo tenemos la oportunidad de considerar unos estudios llevados a cabo por investigadores en el área de *toma-de-decisiones* y su relación con un grupo de *genes*. Interesantemente, estos estudios han surgido en los últimos 10-15 años, pero mucho antes, desde la década de los 1970s, ya ocurría una gran cantidad de investigación en el tema de *Multiple-Criteria Decision Making (MCDM)*, es decir *Toma de Decisiones con Criterios Múltiples* en muchas universidades y países en los USA, Europa, Latino América, el Medio Oriente, Rusia, la Republica de China, y la China misma. ¿Listos? Entonces, presentamos estos temas:

> Contenidos:
> - Toma de Decisiones con Criterios Múltiples (MCDM)
> - Instituto UCL de Neurociencia Cognitiva
> - Genes que influencian Decisiones Financieras
> - El rol de Genes en Decisiones con mucho Riesgo
> - Síntesis de Pensamiento y Conocimiento, con Preguntas

Toma de Decisiones con Criterios Múltiples (MCDM)
[Return]

Este trabajo de investigación considera *la optimización de un objetivo o conjunto de objetivos* que deben satisfacer una lista de criterios o condiciones, con aplicaciones en varias áreas, incluidas negocios (i.e., empresas, comercio, otros), ingeniería, e hidrología:

> *"MCDM es una sub-disciplina de Investigación Operativa (Operations Research, OR, en el mundo Anglo-Sajón) que explícitamente evalúa criterios conflictivos en la toma de decisiones (en la vida de cada día, así como en la vida profesional). Criterios en conflicto entre sí son típicos al momento de evaluar opciones: Costo o precio es frecuentemente uno de los criterios, así como una medida de calidad es típicamente otro criterio, generalmente en*

Capítulo 10: ADN y la Toma de Decisiones

*conflicto con el costo. Al **comprar un automóvil**, por ejemplo, el costo, la seguridad, la comodidad, y la economía de la gasolina pueden ser criterios importantes a considerar. En la **gestión de portafolios**, por otro lado, estamos interesados en obtener altas ganancias, pero al mismo tiempo queremos reducir el riesgo de perderlo todo si las acciones pierden su valor. En la **industria de servicios**, la satisfacción del cliente y el costo de proveer servicio se ven como criterios en conflicto.*

*En nuestras vidas de **día-a-día**, generalmente evaluamos criterios múltiples, y podemos sentirnos cómodos y satisfechos con las decisiones que tomamos basados en nuestra **intuición**. Por otro lado, cuando la inversión es grande, es importante el estructurar el problema y evaluar la lista de criterios relevantes y generalmente en conflicto. Al considerar la decisión de construir o no **construir una planta nuclear**, existen temas e intereses complejos, así como varios conjuntos de personas que pueden ser afectados seriamente por las consecuencias de tal decisión.*

*La estructuración de problemas complejos con criterios múltiples, y generalmente conflictivos, conduce a buenas decisiones. Una variedad grande de enfoques y métodos, muchos de estos implementados en **software**, han sido diseñados en una gran variedad de disciplinas, desde la política a la actividad de negocios y empresas, al entorno ambiental, y el uso de energías alternativas.*"[5]

*Un trabajo de investigación por personas en el mundo académico, en empresas, e áreas de ingeniería en docenas de países de la comunidad global **Stanley Zionts** (1937-), **Lucien Duckstein**[6] (1932-2015), **Don R. Hansen**, y este mismo autor.* [7]

Como ya hemos indicado, MCDM es una área de Matemáticas y de Investigación Operativa con su propia representación:

*"El **problema de MCDM** se puede representar en el espacio de los criterios o bien en el espacio de las decisiones. Alternativamente, si los diferentes criterios son*

combinados en una sola función con sus propios pesos, es entonces posible representar el problema también en el espacio de pesos.

Representación en el espacio de Criterios. *Supongamos que queremos evaluar soluciones a un problema de decisiones utilizando varios criterios; también, supongamos que "más" es deseable en cada criterio. Entonces, entre todas las posibles soluciones, estamos idealmente interesados en esas soluciones que actúan bien bajo esos criterios. Sin embargo, no es muy probable el lograr una sola solución; típicamente, algunas soluciones salen bien con unos criterios, y otras soluciones salen bien con otros criterios. El encontrar una forma de comparar entre los varios criterio en una actividad principal en MCDM. Matemáticamente, la representación es de esta manera:*

    "max" q (i.e., Maximizar la function q)
    sujeto a:
    $q \in Q$

donde q es el vector de k funciones de criterio (funciones de los objetivos), y Q es el espacio viable $Q \subseteq R^k$.

*Si Q es explícitamente definida por una colección de alternativas, al problema se le llama **Problema de Evaluación de Criterios Múltiples.***

*Si Q es explícitamente definida por una colección de restricciones o "constraints", al problema se la llama **Problema de Diseño con Criterios Múltiples.***

Representación en espacio de Decisiones. *El espacio de decisiones corresponde a una colección de posibles decisiones que satisface todos los criterios. Por lo tanto, podemos definir un problema en el espacio de decisiones. Por ejemplo, en el diseño de un producto, decidimos sobre parámetros de diseño (i.e., variables de decisión), tal que cada parámetro tendrá un efecto en los criterios. Matemáticamente:*

Capítulo 10: ADN y la Toma de Decisiones

"max" $q = f(x) = (f_1(x),...,f_k(x))$
Sujeto a:

$q \in Q = \{f(x) : x \in X, X \subseteq R^n\}$,

donde X es la colección viable and x es el vector de n decisiones."[5]

Instituto UCL de Neurociencia Cognitiva [Return]

Un estudio completado por **Jonathan Roiser** y su equipo de investigación muestra que *"nuestros genes afectan la decisiones que tomamos, y que estas decisiones también son influenciadas por las formas de encajar el problema."* A este fenómeno se le ha dado el nombre de *"efecto de marco"* (*"framing effect"*), como en el ejemplo donde a los pacientes que participan se les comunica que tenían un 80% de posibilidad de sobrevivir una operación si consentían a una operación. El equipo también hace la pregunta: ¿Cómo sería diferente la respuesta si a los pacientes se les comunica que tienen un 20% de posibilidad de morir en la operación?

> *En este estudio, el **Dr. Roisier** y sus colegas mostraron que la toma de decisiones es influenciada por la variación en el **gene que transporta la serótina** que afecta el comportamiento de la **amígdala** en el cerebro. El gene codifica la proteína involucrada en el reciclaje de la serótina, un neurotransmisor esencial en la comunicación entre las células nerviosas. Los investigadores observaron dos variantes de este gene, conocidos como las versiones "corta" y "larga." Ellos seleccionaron 30 voluntarios sanos que tenían un par de variantes corto o un par de variantes largos. Los participantes realizaron una tarea en la que tenían que decidir apostar o no en algo con £50. Tenían que tomar la decisión dos veces: primero a través del "marco ganador" y después con el "marco perdedor." En el "**marco ganador**" la **opción A** era ganar £20 sin condición alguna, y en la **opción B** la apuesta era ganar con un 40% la cantidad total de £50, y con un 60% de posibilidad de perder todo. En la "**marco perdedor**" la **opción A** era perder £30 sin condiciones, y la opción B era*

la misma como en marco anterior. A pesar de la naturaleza idéntica de la decisión en ambos "marcos", el estudio mostró que ambos grupos **prefirieron apostar** *si la opción A era expresada en términos de perder y no en términos de ganar dinero.*

Interesantemente, aquellos participantes con 2 copias de la variante "corta" eran más susceptibles al efecto de marco. "Esto no quiere decir que personas con la variante corta del gene prefieren tomar riesgo en sus decisiones", explico el Dr. Roisier. **"En realidad, esas personas son reacias, contrarias, en el marco ganador, mientras que preferían riesgo en el marco perdedor, lo cual implica inconsistencia en la toma de decisiones***."*[1]

Se tomaron imágenes del cerebro mientras se hacia el experimento, y los resultado mostraban que pacientes **con 2 copias de la variante genética "corta"** tuvieron respuestas más fuertes del amígdala que los otros participantes. También midieron el **grado de interacción y conexión entre el amígdala y el córtex pre-frontal**, que es la región del cerebro más implicada en inteligencia humana, personalidad, y toma de decisiones. Esta vez los participantes con 2 copias de la variante genética "larga" tenían una mayor conexión, mientras que los participantes con un par de variantes genéticas cortas no tenían esa conexión.

Dr. Roiser explicó la variación en conexión entre la amígdala y el córtex pre-frontal:

"Esta diferencia en conexión es muy interesante. Ello sugiere que los voluntarios con la variedad genética larga **podían regular sus respuestas emocionales automáticamente***, las cuales son motivadas por el amígdala, más eficientemente, disminuyendo su vulnerabilidad al "efecto de marco.*

Una pregunta interesante seria si el **gene** *pudiera afectar la toma de decisiones en la vida real. Por ejemplo, comerciantes en los bancos necesitan hacer estimaciones rápidas y precisas del riesgo en sus decisiones, sin importar como la información es presentada. Entonces,*

Capítulo 10: ADN y la Toma de Decisiones

uno pudiera conjeturar que comerciantes con **la variante genética "larga" pueden tomar decisiones de una manera más consistente**, aunque esto necesita ser comprobado en investigaciones futuras."[1]

El lector(a) recordará que ya hicimos un repaso de algunos aspectos del *gene SLC6A4*, ubicado en el cromosoma 17, que contiene las variantes "cortas" y "largas" en la región **5-HTTLPR** mencionada en el experimento.

Genes que influencian Decisiones Financieras [Return]

En este segundo estudio los investigadores también hacen una conexión entre la toma-de-decisiones y los genes:

*"¿Si tuvieras $10,000 para invertir, donde los invertirías? ¿En acciones? ¿En una cuenta de banco? Tu decisión pudiera estar guiada por algo que tu experiencia. Pudiera estar guiada por tus **genes**"*

*Nuevos resultadas de investigación entre la variación genética y la toma de riesgo. Los científicos han averiguado que en el proceso de hacer una inversión, la gente que tiene una combinación de genes que generan ansiedad se preocupa, y que esta preocupación conduce a decisiones con más seguridad. El profesor asociado **Brian Knutson** de Stanford, departamento de psicología, estudia como las emociones influencian las decisiones a tomar. En 2005, Knutson y **Camelia Kuhnen**, un estudiante en Stanford, identificaron regiones del cerebro que se activan en situaciones de riesgo. En 2009, Kuhnen pudo asociar el riesgo en finanzas arriesgadas con 2 genes que regulan el "sentirse-bien" a través de los neuro-transmisores **serotonina** y **dopamina**.*

*Ellos explican como el gene de la **serotonina** se asocia decisiones financieras. El vínculo es el nivel de neuroticismo, el "**efecto negativo**", una característica de las personas que se preocupan. "Esas personas tienden a vincular la parte negativa de las cosas, siempre* *preocupándose por lo que pueda ocurrir mal, en vez de preocuparse por lo que puede ocurrir bien."*

Como ya indicamos en el Capítulo 6, al **gene de la serótina** se le llama el **5-HTTLPR**, el cual viene en 2 variedades: "corta" y "larga", los aleles. En este estudio los investigadores descubrieron que personas con 2 aleles cortos producían más características de personas neuróticas:

*"Los investigadores pidieron a 60 voluntarios de Bay Area el distribuir $10.000 en tres opciones de inversión: Acciones, Bonuses, o Dinero ("metálico"). Los participantes con **2 aleles cortos** de 5-HTTLPR se guardaron el 24% más en Dinero que los otros participantes con **2 aleles largos**, quienes pusieron más dinero en Acciones. Knutson y sus colegas ya habían medido anteriormente la habilidad y experiencia de los participantes, nivel cognitivo, nivel de ingresos, pero esos factores no explicaban la variedad en estrategia de inversión. ¿Podrían los genes explicar esa variedad? **"Averiguamos que los genes sí explicaban esa variedad"**, anuncio Knutson.*

*Dada la propensión de los participante neuróticos en evitar el riesgo, Kuhnen sugiere que esos participantes reaccionarían similarmente a un resultado negativo. Kuhnen observó cómo los cerebros de los participantes reaccionaban durante el experimento. Los participantes que llevaban los **aleles cortos** mostraban una gran ansiedad antes de hacer el experimento, pero no reaccionaron de forma diferente, comparados con los participantes con los **aleles largos**, cuando vieron el resultado negativo.*

"La diferencia entre estas personas no es sobre cómo reacciona a los resultados finales", dice Kuhnen. "Es más sobre cómo piensan sobre la decisión, antes de tomar la decisión. "Así que no preocuparse tanto sobre el peor resultado. "Toma un paso atrás, y pregúntate, ¿en realidad, que tan malo sería el resultado", sugiere Kuhnen.

Capítulo 10: ADN y la Toma de Decisiones

*No todos los participantes se comportaron exactamente como sus genes pudieran predecir. No te des prisa en determinar si tienes aleles **5-HTTLPR** "**cortos**" o "**largos**", sugiere el equipo. Lo que importa es el entender que tus emociones pueden afectar tus decisiones, sugiere Knutson.*

*"**No eres un esclavo a tu genotipo**", dice Knutson, "Si tu entiendes como ello puede influenciar tu comportamiento, tus decisiones, entonces tienes una oportunidad a cambiar ese comportamiento."[2]*

¡*Fabuloso*! La influencia de tus genes en tus decisiones está ahí, comprobado, pero si eres consciente de tus emociones y de su potencial de impacto en tus decisiones, puedes entonces modelar y controlar tu comportamiento y decisiones.

El Rol de los Genes en Decisiones con mucho Riesgo
[Return]

En este tercer estudio, **He Qinghua** y su equipo de investigadores de la Southwest University, en Chongquing, China, examinaron el impacto de algunos genes en la toma-de-decisiones con mucho riesgo:

*"La decisiones caracterizadas por el mucho riesgo que llevan constituyen un proceso complejo en términos de la probabilidad de recompensas y riesgos potenciales. Es una de las funciones cognitivas más importantes del cerebro humano. La gente varía mucho en sus decisiones diarias de cada día, influenciadas en parte por **factores genéticos y ambientales**. En este artículo investigamos el efecto de factores genéticos en la toma-de-decisiones con riesgo, incluidos estudios de gemelos. Los genes candidatos incluidos son los genes asociados con **dopamina** (ej., **COMT and DAT**), y genes asociados con serótina (ej., **SLC6A and TPH1**), así como también otros genes (ej., BDNF); también presentamos contribuciones del entorno ambiental. Estudios recientes también han incorporado la anatomía del cerebro y sus funciones como endofenotipos*

en la toma-de-decisiones con riesgo en la investigación genética molecular."

Nuevamente, observamos que el gene **SLC6A** de éste estudio ya fue previamente descrito en Capitulo 6.

Síntesis de Pensamiento y Conocimiento, con Preguntas [Return]

¿Es la toma-de-decisiones influenciada por el contenido de algunos genes en nuestra estructura de ADN? Sí, efectivamente, como los contenidos de este capítulo revelan:

- La *Sociedad Internacional de Toma-de-Decisiones con Criterios Múltiples* (**MCDM**) lleva años investigando, desde la década de los 1970s, **modelos de toma-de-decisiones**, reuniendo científicos de todo el mundo en conferencias para presentar modelos matemáticos, de ingeniería, y de comercio con aplicaciones en una gran variedades de entornos profesionales.

- Una variante del gene que produce **serótina** ejerce influencia sobre el **amígdala**, la región con forma de almendra en el **lóbulo temporal del cerebro**, el cual también ejerce una función principal en la memoria, en la toma-de-decisiones, y en respuestas emocionales.

- El **Gene SLC6A4**, ubicado en el cromosoma 17, contiene variantes genéticos "cortos" y "largos" en la región 5-HTTLPR con influencia en la toma-de-decisiones.

- Estudios recientes han descubierto que una combinación de *genes que generan ansiedad* producen preocupación en la toma-de-decisiones con riesgo, y que tal preocupación conduce a decisiones con menos riesgo, más seguridad. *Ambos, factores genéticos y ambientales (ej., experiencia) influencian la toma-de-decisiones*.

- Los investigadores, sin embargo, sugieren que *"no somos esclavos a nuestro genotipo"*, añadiendo que *"si entendemos como algunos de nuestros genes influencian*

Capítulo 10: ADN y la Toma de Decisiones

nuestro comportamiento, entonces tenemos una oportunidad de cambiar ese comportamiento."

- Genes asociados a la **dopamina,** como el COMT y el DAT, así también como genes asociados a la **serótina**, como el SLC6A4 y el TPH1 están involucrados en la **toma-de-decisiones con riesgo.**

Pregunta 1: ***¿Cuánto varían entre las personas*** las decisiones tomadas con la asistencia de modelos MCDM? Se entiende que existen diferencias genéticas y de entorno ambiental entre las personas.

Pregunta 2: ¿Cuánto sabemos sobre las variantes en genes que influencian la toma-de-decisiones ***entre las diferentes comunidades étnicas?***

Pregunta 3: ¿Cuánto sabemos sobre las variantes en genes que influencian la toma-de-decisiones ***entre mujeres y hombres?***

Capítulo 11:
Genes, Personalidad, y Enfermedades

"Decodificar el genoma humano es la actividad más significante que hemos realizado en nuestra sociedad en todas las ciencias. Estoy convencido de que el leer nuestras huellas de ADN, y el catalogar nuestro libro de instrucciones, será calificado en la historia como aún más significante que el partir el átomo o el llegar a la luna."

— ***Francis S. Collins,*** entrevista (23 Mayo 1998), *'Cracking the Code to Life*', Academy of Achievement.

Introducción

Es muy posible que todos hayamos sospechado alguna vez que varias enfermedades y características de nuestra personalidad reflejan la composición de nuestros genes. Como vamos a ver en este capítulo mucha investigación ha sido realizada para identificar y documentar precisamente esa relación entre nuestros genes con nuestras enfermedades y aspectos de nuestro comportamiento, aunque mucho trabajo de investigación queda por delante.

¿Cuáles son algunas de esas *características de nuestra personalidad*? Una lista incluye las siguientes:

Contents:
- **Depresión**
- **Personalidad Bipolar**
- **Aprender y Memoria**
- **Inteligencia**
- **Ansiedad**
- **Crimenes Violentos**

Estas características, sin embargo, necesitan ser definidas con cierta precisión. La *generosidad*, por ejemplo, pudiera reunir varios atributo como *buena voluntad, desinterés, amabilidad*, etc.; por lo tanto, ¿Cuál de estos tres atributos debe ser considerado objeto de investigación y documentación? En este capítulo presentamos resultados recientes, pues mucha investigación se ha iniciado.

¿Y que sabemos de genes asociados con *enfermedades*? Una lista corta de enfermedades examinamos en las siguientes secciones:

- **Autismo**
- **Alzheimer's, enfermedad**
- **Desarrollo Muscular**
- **Esquizofrenia**
- **Lyme, enfermedad**
- **Alergias**
- **Tiroides**
- **Identificación de Genes asociados con Enfermedades**

Capítulo 11: Genes, Personalidad, y Enfermedades

- **Síntesis de Pensamiento y Conocimiento, con Preguntas**

Depresión [Return]

Esta característica ha sido asociada con varios genes, incluidos el *FKBP5* (en cromosoma 6), *BDNF* (cromosoma 11), *TPH2* (cromosoma 12), *HTR2A* (cromosoma 13), y el *5-HTT* (cromosoma 17):

> *"Avances en la tecnología del genoma han añadido poder considerable a la búsqueda de genes asociados con la depresión. La ironía de estos desarrollos es que pintan una situación compleja.* ***La intrigante interacción entre genes y el entorno ambiental*** *está en el corazón de esta complejidad, y el descubrimiento de esta dinámica promete verter nueva luz. Además de la importante contribución del entorno ambiental a la etiología de esta enfermedad, la búsqueda de genes candidatos se complica aún más por el hecho de tal característica toma varias formas. Los genes* ***5-HTT****,* ***BDNF****, y* ***TPH2*** *han atraído la atención en los últimos años, pero los resultados no son consistentes. Estudios recientes de fármaco-genéticas también han asociado al gene* ***FKBP5*** *(en cromosoma 6) y al* ***HTR2A*** *(en cromosoma 13) con la depresión."*[1]

Personalidad Bipolar [Return]

También conocida como ***depresión maniaca***, esta es un desorden mental con periodos de depresión y humor elevado. Este humor elevado depende de varios síntomas de psicosis. Durante la manía, una persona se comporta y se siente energética, feliz o irritable. Los genes asociados con esta condición incluyen: el *DISC1* (cromosoma 1), el *DAT1* (cromosoma 5), NRG1 (cromosoma 8), BDNF (cromosoma 11), *TPH2* (cromosoma 12), *DAOA* (cromosoma 13), y el *5-HTT* (cromosoma 17). Sí, esta condición comparte algunos de los genes asociados con la depresión:

"Ahora sabemos a través de estudios de familias y de gemelos que la condición bipolar es un gran desorden genético. Un estudio con 11.288 gemelos del mismo sexo in Dinamarca hecho por **Bertelsen** *y colegas en 1977 encontró que aproximadamente el 58% de los gemelos idénticos tenían el desorden bipolar, comparado con el 17% de los gemelos fraternales (dizigoticos). Aunque muchos de los genes subsecuentemente han sido asociados con el desorden bipolar, ninguno ha sido identificado como causativo. Una explicación por la dificultad en encontrar genes asociados con la condición bipolar es que es un desorden muy complejo.* **Genes con la mayor asociación son también genes candidatos asociados con la esquizofrenia, así como también con la depresión.** *Esto no es sorprendente dado que estos desordenes comparten algunos de los mismos síntomas. Por ejemplo, la psicosis es una característica de la condición bipolar y de la esquizofrenia. Genes candidatos asociados con el desorden bipolar incluyen G72/DAOA, DISC1, NRG1, TPH2, BDNF, 5-HTT, y el DAT1."*[1]

Aprender y Memoria [Return]

Nuevamente, son varios los genes que parecen impactar esta capacidad, incluidos: el **CREB1** (cromosoma 2), **MET** (cromosoma 7), **SHANK3** (cromosoma 22), y el **DLG3 (SAP102)** (cromosoma X):

"Aprender y memoria, dos procesos cognitivos íntimamente conectados que se producen a través de interacciones con el entorno ambiental (i.e., experiencia). El **hipocampos** *es la región del cerebro más asociada con la capacidad de aprender. La potenciación a largo tiempo ("Long-term potentiation", or* **LPT***) es considerada la base celular del aprendizaje y de la memoria, la región más estudiada del hipocampos. El LTP está relacionado con cambios en una célula que le causa responder eficientemente a la estimulación. Dos*

Capítulo 11: Genes, Personalidad, y Enfermedades

*glutamatos receptores, el NMDA y el AMPA, son particularmente importantes para dirigir estos cambios. La comunicación de substancias químicas en las células del cerebro es guiada por interacciones **entre genes y materias bioquímicas durante la sinapsis**.*

*Daño al hipocampos puede producir pérdida de memoria, especialmente la habilidad de crear memorias a largo plazo. El hipocampo es una de las pocas estructuras en el cerebro que muestra señales de neurogenesis, el crecimiento de nuevas células del cerebro. La **amígdala** es otra área del cerebro asociada con la memoria. La **memoria** es una habilidad del organismo para registrar, retener, y recuperar información a través del tiempo. Los dos procesos están íntimamente conectados. Aunque existe una diferencia cualitativa entre memorias implícitas y explicitas, como **Eric Kandel y Howard Eichenbaum** explican. Todo aprendizaje proviene de interacciones con nuestro entorno ambiental. Contrario a otros órganos, el cerebro no está construido para mantener **homeostasis** (estado de balance fisiológico), sino para cambiar y adaptarse como consecuencia de interacciones con el entorno ambiental.*"[1]

Inteligencia [Return]

La tarea de identificar genes que influencian la inteligencia en los humanos ha sido elusiva hasta ahora, como varios estudios concluyen. Un estudio de más de 100.000 personas revela **3 variantes genéticos** relacionados con el cociente de inteligencia ("intelligence quotient", or ***IQ***), pero los resultados no son conclusivos todavía:

> *"En 2011, una colaboración internacional de investigadores inicio un trabajo para poner más rigor en estudios sobre como los genes contribuyen al comportamiento. Este grupo, con el nombre de **Consorcio de Ciencias Genéticas Sociales** ("Social Sciences Genetic Association Consortium") utilizaba prácticas prestadas de*

la comunidad de la genética, que propone números altos de participantes, así como estadísticas serias y reproducibilidad. En un estudio de 2013, este grupo identifico **3 variantes de genes** *asociados con el número de años de escuela de los participantes. En un siguiente estudio publicado en los Proceedings del* **National Academy of Sciences** *el equipo trabajó para encontrar variantes genéticos asociados con el IQ y otras habilidades cognitivas. Para ello, miraron una vez más a variantes genéticos asociados a los años de escuela en más de 106.000 personas que ya habían participado en el estudio de 2013; los investigadores identificaron 69 variantes genéticos fuertemente asociados con el nivel educativo. Para establecer una conexión directa con el IQ, el equipo comparó esa lista de variantes genéticos con los de un segundo grupo de 24.000 personas que también habían tomado exámenes de habilidad cognitiva. Como resultado, 3 variantes genéticos fueron identificados por su asociación con ambos valores: nivel educativo alcanzado, y niveles altos de IQ.* "[7]

Otro grupo de investigadores en el **Imperial College of London** ha estado realizando investigación que sugiere que tanto como el **75% del IQ es genético**, y que el otro **25%** se debe a factores ambientales como la escuela y el compartir experiencias en la familia:

> *"Ahora el* **Imperial College of London** *ha descubierto que dos redes de genes determinan si las personas son inteligentes o poco inteligentes. El equipo compara la red de genes a un equipo de futbol. Cuando todos los jugadores están en sus posiciones correctas, el cerebro parece funcionar óptimamente, con claridad de pensamiento, rapidez, e inteligencia. Sin embargo, cuando los genes se han mutado o en el orden equivocado, el cerebro va despacio, con fallos cognitivos serios. Los científicos creen que debe haber un* **"interruptor principal"** *que regula las redes y que si lo pudieran*

Capítulo 11: Genes, Personalidad, y Enfermedades

encontrar, podrían "prender y poner en marcha" la inteligencia.

*"Sabemos ahora que la genética juega un papel principal en la inteligencia, para hasta ahora no sabemos cuáles son los genes relevantes", dice el **Dr. Michael Johnson**, autor principal de un estudio en el Departamento de Medicina del Imperial College. "Esta investigación resalta algunos de los genes involucrados en la inteligencia humana, y como estos interactúan entre sí. Lo que es sumamente interesante es que estos genes probablemente comparten una regulación común, lo que indica que potencialmente podremos manipularlos en el futuro. Hemos tomado un primer paso en ese camino largo."*[8]

Recientemente, compañías en el **Sector Privado** ofrecen información en la historia del ADN de personas, como **23andMe**, **DeCODEme**, y **Family Tree DNA**, quienes aseguran que han identificado genes asociados con la inteligencia y el deseo sexual:[9]

Inteligencia/IQ:	Gene ADRB2	(Cromosoma 5)
	Gene CHRM2	(Cromosoma 7)
	Gene DTNBP1	(Cromosoma 6)
	Gene BDNF	(Cromosoma 11)
Deseo Sexual	Gene DRD4	(Cromosoma 11)

Otro estudio, este del **Center for Bioinformatics, India**, sugiere que le gene **SRGAP2** también está asociado con lo inteligencia en los mamíferos:

"Una duplicación reciente del gene SLIT-ROBO que active la proteína del SRGAP2 en los primates ha sido propuesto como asociado a la inteligencia. Actualmente no existe un informe sobre el papel del gene SRGAP2 en la expresión de las neuronas. El árbol filogenético del gene SRGAP2 de 11 mamíferos ha sido reconstruido. La evolución de las neuronas a lo largo de las ramas del árbol filogenético ha sido modelada, y el ratio dN/dS (i.e., ratio entre el número de substituciones no-

sinónimas y el número de substituciones sinónimas) ha sido estimado usando un método de codones (CODEML) en PALM (análisis filogenético). Los resultados muestran dos aspectos de neuronas, la masa cerebral y el número de neuronas corticales, con dependencia estadística en la evolución del gene SRGAP2 en los mamíferos. Este gene SRGAP2 parece operar bajo presión intensa para purificar la selección de los mamíferos bajo restricciones. **En conclusión**, *este trabajo de investigación revela un papel principal en el gene SRGAP2 en la expansión rápida de neuronas en el córtex del cerebro, y de esa manera facilitando la evolución de la inteligencia en los mamíferos."*[9]

Ansiedad [Return]

Los **desórdenes de la ansiedad** son caracterizados por sentimientos de ansiedad y miedo. La *ansiedad* es una preocupación sobre eventos en el futuro, y el *miedo* es una reacción a eventos de la actualidad. Estos sentimientos causan síntomas físicos como un latir rápido del corazón y temblor. Estos desordenes incluyen: ansiedad, fobia, ansiedad social, agorafobia, y pánico. Entre los genes asociados a estos desordenes tenemos: ***Mmp9, Bdnf, Ntf4, Egr2, Egr4, Grm2*** y ***Arc:***

> *"La ruta sináptica de plasticidad ha sido investigada utilizando el* **estriatum dorsal del cerebro de la rata***, identificando así varios genes sumamente expresados en ratas nerviosas y ansiosas, genes como* ***Mmp9, Bdnf, Ntf4, Egr2, Egr4, Grm2*** *y el* **Arc***). En los humanos se observó que la severidad de la adversidad es positivamente asociada con la presencia del desorden de la ansiedad en adulto. Cuando los homólogos humanos fueron identificados utilizando el modelo animal en un número de personas que sufrían de obsesión compulsiva (OCD), pánico (PD), o ansiedad social (SAD), un total de 5 polimorfismos de nucleótidos (SNPs) fueron identificados y asociados con estas condiciones. Cuatro de estos SNPs interactúan con la severidad del trauma de niños. Un*

análisis **Haplotype** *de variantes reveló asociaciones novel haplotipo, de las cuales 4 estaban ubicadas dentro del gene Mmp9, lo cual sugiere que este gene está involucrado en enfermedades del* **corazón y con el cáncer. En conclusión,** *este proyecto produjo importantes descubrimientos relacionados a la etiología de desórdenes de ansiedad. El uso de este sequito de desórdenes (OCD, PD, y SAD) sugiere que estas asociaciones son persistentes en todo tipo de ansiedad en general.*"[2]

Crímenes Violentos [Return]

¿Son las personas responsables de sus propios crímenes, o simplemente expresan los contenidos de sus propios genes? Los dos genes asociados a este tipo de comportamiento son: (1) el **MAOA** gene, y un variante del Cadherin 13 (**CDH13**). El MAOB es una enzima codificada por el gene del mismo nombre, perteneciente a la familia de flavin monoamine oxidase, localizado en la membrana del mitocondria:

"Un análisis genético de 900 criminales en Finlandia ha revelado **2 genes asociados con crímenes violentos.** *Aquellas personas con estos genes son 13 veces más propensas a una historia con repetidos crímenes violentos. Los autores de este estudio, publicado en Molecular Psychiatry, aseguran que por lo menos el 5%-10% de todo el crimen violento en Finlandia puede ser atribuido a estos dos genotipos. Aún más genes y factores ambientales pueden estar asociados al comportamiento violento. Sin embargo, aunque un individuo tenga esta combinación de "alto riesgo", la mayoría de esas personas no cometerán un crimen, asegura* **Jari Tiihonen** *del Instituto Karolinska en Suecia.*

"El cometer un crimen violento es un caso extremadamente raro en la población en general. Por lo que aunque aumente el riesgo relativo, el riesgo absoluto de cometer un crimen violente es muy bajo."

"Todos somos el producto de genética y factores ambientales, pero no creo que ello nos robe nuestra

"voluntad libre" ("free will"), o de entender lo bueno y lo malo", añade **Dr. Christopher Ferguson**, de Stetson University, en Florida, USA.

*Esos dos genes asociados con criminales violentos han sido identificados como el **MAOA** y el **CDH13**, importantes en el control de dopamina y serótina en el cerebro. Previamente, el CDH13 ya ha sido asociado con abuso de substancias y con ADHD. Los individuos clasificados como criminales no violentos no tenían ese perfil genético."*[3]

¿Preparados? Echemos ahora un vistazo a esa lista de **enfermedades** y posibles genes responsables.

Autismo [Return]

Este desorden neurológico está caracterizado por una *interacción social disminuida, comunicación verbal y no-verbal disminuida, así como por comportamiento repetitivo.* Los padres generalmente detectan las dos primeras señales durante los dos primeros años de niño(a). Estas señales se desarrollan gradualmente, aunque algunos niños(as) con autismo alcanzan un desarrollo físico y mental de una manera normal, pero luego retroceden. Varios genes tienen un efecto sobre esta condición, incluidos: **EN2** (cromosoma 7), **AVPR1A** (cromosoma 12), **5-HTT** (cromosoma 17), y el **NLGN4** (cromosoma X):

*"Aunque estudios de gemelos sugieren que **el autismo es muy hereditario**, ningún gene ha sido identificado como la causa de este desorden. La búsqueda por un gene responsable del autismo es complicada dado el hecho de que la mayoría de los genes asociados con este desorden parecen reflejar un solo síntoma. **Reelin** es una proteína que se encuentra en el cerebro, principalmente; juega un papel importante en el desarrollo del cerebro, y regula la migración y posición de las neuronas. En adultos, la reelin es importante en los procesos de aprendizaje y memoria. Modula la plasticidad sináptica aumentando la inducción LTP. Los ratones que carecen del gene del reelin (también conocido como RELN) tienden a adquirir movimientos*

bruscos. Son 3 los genes candidatos que apoyan la asociación entre autismo y reelin, aunque esta proteína también está asociada con esquizofrenia y el Alzheimer.

Lai y colaboradores han identificado el gene FOXP2 como una causa del desorden en el uso del lenguaje; ya que la discapacidad del lenguaje es muy característica del autismo, este gene ha sido investigado. Resultados de estudios de familias, sin embargo, no han podido encontrar asociación entre el FOXP2 y el autismo."[1]

Alzheimer, la enfermedad [Return]

Esta es una enfermedad **neuro-degenerativa**, una causa principal de demencia. Un síntoma frecuente es la dificultad en recordar eventos recientes, a medida que la enfermedad avanza, y los síntomas incluyen dificultades con el lenguaje, desorientación, cambios en el estado de ánimo, y falta de motivación:

*"La herencia genética de la enfermedad de Alzheimer está basada en estudios de gemelos, y varía entre el 49% y el 79%. Aproximadamente el 0,1% de los casos son formas de herencia autosomal, apareciendo antes de los 65 años, atribuida a **mutaciones en uno de 3 genes** y sus proteínas: la proteína precursora amyloid (**APP**), y las presenilinas 1 y 2. La mayoría de las mutaciones de los genes APP y las presenilinas aumentan la producción de una proteína de nombre **Aβ42**, que es un componente principal de las placas seniles; estas mutaciones alteran el ratio entre el **Aβ42** y las otras formas, particularmente el **Aβ40**.*

Como es el caso en muchas enfermedades de humanos, los efectos genéticos y ambientales no siempre conclusivos. Por ejemplo, ciertas poblaciones Nigerianas no muestran una relación entre el APOEε4 y la edad de incidencia de la enfermedad. Sin embargo, estudios recientes del genoma (GWAS) han encontrado 19 áreas en genes que parecen aumentar el riesgo de esta enfermedad, siendo estos genes: ***CASS4, CELF1, FERMT2, HLA-DRB5, INPP5D, MEF2C, NME8, PTK2B, SORL1, ZCW***

PW1, SlC24A4, CLU, PICALM, CR1, BIN1, MS4A, ABC A7, EPHA1, y CD2AP."[11]

Desarrollo Muscular [Return]

El crecimiento muscular también es regulado por unos genes, incluido el ***IGF-1*** que consiste de 70 amino ácidos en una sola cadena; es producido principalmente en el hígado como una hormona endocrina:

> *"El factor de crecimiento 1, conocido como IGF-1 es una proteína codificada por el gene **IGF-1**. A este gene también se le llama el "factor sulfato"; similar en estructura molecular a la insulina; desemplea un papel importante en el desarrollo de niños(as) y continua produciendo efectos anabólicos en adultos. Un análogo sintético de este gene es la **mecasermina**, utilizada en el tratamiento de fallo de crecimiento."*[4]

> *"Así como podemos alterar nuestro conjunto muscular hasta cierto punto, el **desarrollo muscular** es cuidadosamente regulado en el cuerpo. Una diferencia entre la composición del musculo y su tamaño, sin embargo, es que el tamaño se puede manipular con mayor facilidad. El IGF-1 controlo el crecimiento muscular con la ayuda del gene **myostatin** (MSTN), que produce la proteína myostatin."*[6]

Esquizofrenia [Return]

Un desorden mental caracterizado por un ***comportamiento social anormal y fallo para entender el mundo real***. Síntomas comunes incluyen creencias falsas, pensamiento confundido, creer escuchar voces, un reducido compromiso social, y falta de motivación. Genes asociados con esta enfermedad son el ***RGS4*** (cromosoma 1), ***DTNBP1*** (cromosoma 6), ***DAOA*** (cromosoma 13), y el ***COMT*** (cromosoma 22):

Capítulo 11: Genes, Personalidad, y Enfermedades

*"Aunque esos estudios de gemelos muestran que la **esquizofrenia** es hereditaria en el 80% de los casos, la búsqueda por la base genética de esta enfermedad ha sido frustrante. Dado el hecho de que esta enfermedad no tiene una patología distintiva o diagnostico único, es difícil relacionar cambios en los genes a cambios fisiológicos y químicos en las personas. Varios genes interactuan con factores ambientales para producir polimorfismos fenotipos. Las proteínas producidas por estos genes están involucradas en señales de **dopamina y glutamate**, los dos sistemas de señales en la esquizofrenia. Otros son factores de crecimiento que participan en el desarrollo de nervios: **NRG1**, Neuregulin-1, estimula de desarrollo y diferenciación de neuronas; **DAOA**, amino acido activador, se encuentra en peroxisomas donde produce degradación del gliotransmisor D-serine. Los polimorfismos DAOA y G72 están asociados con el riesgo de esquizofrenia y una función reducida del prefrontal y el hipocampo."*[1]

Lyme ("Garrapata"), enfermedad [Return]

También conocida con el nombre de **Lyme borreliosis**, una enfermedad causada por la bacteria **Borrelia**. De no ser tratada, los síntomas pueden incluir falta de habilidad de mover uno o los dos lados de la cara, dolores de articulaciones, dolores de cabeza y de cuello, así como fuertes latidos de corazón, entre otros:

*"Cada año, miles de personas en los USA son mordidos por **garrapatas** de venado. Estas pequeñas garrapatas, muy comunes en bosques y praderas, pueden transmitir una bacteria en el flujo sanguíneo que causa la **enfermedad de Lyme**. Las personas infectadas sienten fiebre, dolores de cabeza, un cuello rígido, y fatiga. Un equipo de investigación de la organización NIH ha descubierto un patrón único de expresión de gene en las células blancas; este gene se resiste al tratamiento antibiótico. Más trabajo de investigación se requiere para que los médicos puedan diagnosticar esta enfermedad en*

sus primeras fases. Un nuevo estudio ha sido publicado en la revista on-line **mBio,** *con autores* **Charles Chiu** *de la University of California, San Francisco, y* **John Aucott** *de Johns Hopkins University, Baltimore.*

El grupo Hopkins ha contado con 29 adultos de Maryland con esta enfermedad, y con 13 adultos sanos como control. A los pacientes con Lyme se les tomaron muestras de sangre en tres puntos de tiempo: (1) inmediatamente después del diagnóstico, (2) después de completar 3 semanas con el antibiótico doxiciclino tomado oralmente, y (3) 6 meses después de este tratamiento. **El análisis descubrió cambios en la expresión de 1.000 genes***; muchos del os cambios reflejan reacciones inflamatorias, como era anticipado. El análisis también mostró que la mitad de las diferencias observadas en la expresión de los genes eran compartidas con otras enfermedades comunes; interesantemente, la expresión genética tenía mucho en común con infecciones de influenza virales.*

Aunque mucha más investigación es requerida, estos resultados sugieren la posibilidad de mejores diagnósticos en el futuro. El equipo de Chiu trata de reunir un grupo de 50-100 genes que sean específicos a la primera fase de infección. Cada año, los muchos departamentos de salud del país informan de unos 30.000 casos confirmados de la enfermedad Lyme."[10]

Alergias [Return]

¿Alguien tiene alergias en la familia? En esta sección queremos empezar a descubrir los orígenes de las alergias, en particular su relación con los genes. *¿**Qué es una alergia***". Las enfermedades de alergias son causadas por la hipersensibilidad del sistema inmune a factores ambientales, incluidas:

- Fiebro de heno ("*Hay fever*")
- Alergias de comida
- Dermatitis atopicas

Capítulo 11: Genes, Personalidad, y Enfermedades

- Asma de alergia, y
- Anafylaxis.

Causas de las alergias
Son muchas las causas de las elergias, incluidos el polen de las flores, algunas comidas, metales, picaduras de insectos, y algunos medicamentos.

Mecanismos detrás de las alergias
Uno de ellos es el **anticuerpo immunoglobulin** (*"immunoglobulin E antibodies"*, *IgE*), que es parte del sistema inmune del cuerpo, y el cual se pega a un alérgeno y a receptores de la célula, de esa forma provocando la liberación de substancias químicas como el **histamina**.[12]

> "En un estudio los investigadores comparan los genomas de 10.000 pacientes que sufren alergias con los genomas de 20.000 personas sin alergias. Este estudio era parte de una conferencia internacional en genética y epidemiologia (Early Genetics and Lifecourse Epidemiology research cohort, **EAGLE**), que incluía información de 16 estudios diferentes.
>
> En la comparación, los investigadores descubrieron que las personas con alergias frecuentemente exhiben pequeños cambios en **10 lugares específicos del genoma**, donde uno de los bloques de ADN fue reemplazado por otro. Estos cambios en el genoma no ocurrieron en el grupo de gente sin alergias; los investigadores identificaron los lugares en el genoma donde los pequeños cambios ocurrieron, de esa forma identificando a los genes.

Estos 10 genes son:
- *TLR6*   *Cromosoma 4*
- *C11/f30*   *Cromosom 12*
- *STAT6*   *Cromosoma 12*
- *SLC25A46*   *Cromosoma 5*

- *HLA-DQB1*   *Cromosoma 6*
- *IL1RL1*   *Cromosoma 12*
- *LPP*   *Cromosoma 3*
- *MYC*   *Cromosoma 8*
- *IL2*   *Cromosoma 4, y*
- *HLA-B*   *Cromosoma 6.*

Dado que estos genes son comunes en asma y en alergias, el estudio revela la conexión entre las dos enfermedades. Los resultados permiten a los investigadores llegar a dos conclusiones:

(1) "Sabemos ahora que estos 10 cambios en el genoma están muy relacionados al desarrollo de alergias,"

*(2) "Al mismo tiempo, nuestros participantes tenían una gran variedad de alergias, lo cual confirma la teoría de que **primero heredamos la tendencia** a hacernos alérgicos a una substancia en particular."*[13]

Tiroides, enfermedad [Return]

Esta es una enfermedad bastante común y, sin embargo, se sabe poco de sus orígenes. En los USA un total de unos 27 Millones de personas padecen esta enfermedad. *¿Qué es una glándula tiroides*? Es una glándula de la forma de una mariposa y localizada en el cuello de una personas, debajo y detrás de la manzana de Adam; en condiciones normales tiene el peso de una *onza* (i.e., 30 gramos, aprox.), y produce la hormona tiroides que es esencial en muchas funciones metabólicas, como se muestra en Figura1. Entre los genes asociados a esta enfermedad se encuentran el **PAX8** (Cromosoma 2), **TTF-1/NKX2-1** (Cromosoma 14), y el **TTF-2/FOXE1** (Cromosoma 9).

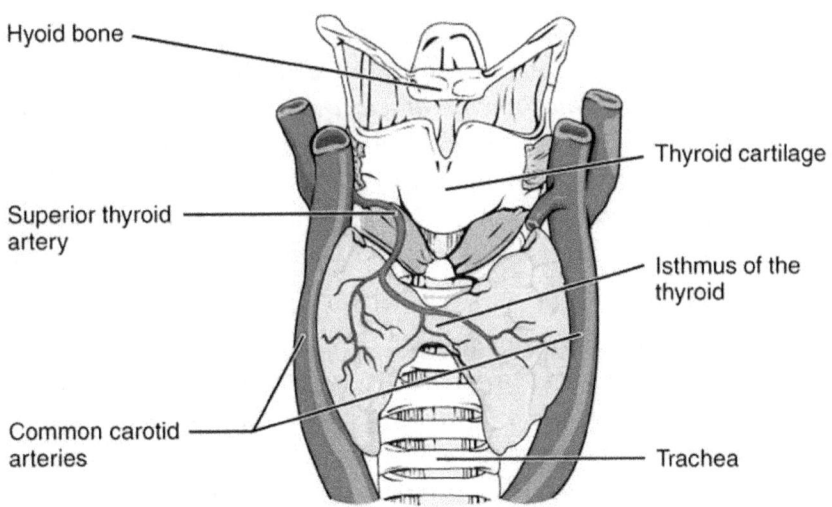

Figura 1. La glándula *tiroides*, alrededor de la tráquea, mostrando la arteria superior.[14]

"*La dos hormonas producidas por el tiroides son la **tiroxina**, conocida como **T4**, y la **triodotironina**, conocida como la **T3**. El objetivo de estas 2 hormonas es el de regular como nuestras células, órganos, tejidos, y glándulas utilizan oxígeno y energía. Toda actividad en nuestro cuerpo depende de la hormona(s) del tiroides, incluidas la digestión, el crecimiento de nuestro pelo y uñas, **nuestro deseo sexual**, así como las funciones de nuestros órganos y glándulas. Nuestro cerebro, corazón, y metabolismo muy especialmente dependen de esas hormonas. Además, la tiroides opera en coordinación con la glándula pituitaria. La pituitaria detecta los niveles de la hormona tiroides en el flujo sanguíneo y produce una hormona con el nombre de **Thyroid Stimulating Hormone (TSH)**. Cuando los niveles de TSH bajan, el mensaje a la tiroides es el de disminuir la producción de la hormona del tiroides. Existen varias enfermedades can pueden afectar la tiroides, incluidas:*

(1) Hashimoto, enfermedad de
*Esta es una enfermedad de sistema inmune, tal que nuestro sistema inmune ataca a nuestra glándula tiroides. ¿Cómo, y con qué armas? Anti-cuerpos de la tiroides, tal como thyroid peroxidase antibodies (**TPO**) y thyroglobulin anti-cuerpos (**TgAb**). La enfermedad de Hashimoto típicamente causa inflamación y destrucción gradual de la tiroides.*

(2) Graves, enfermedad de
*Esta enfermedad proviene del sistema inmune en forma de anti-cuerpos como el thyroid stimulating antibodies (**TSI**). Estos anti-cuerpos estimulan demasiado la glándula, y esta produce demasiada hormona. En algunos casos los anti-cuerpos TPO y TgAb alcanzan elevadas cantidades. La enfermedad de Graves es frecuentemente acompañada con de un "bocio" de "nódulos" de tiroides.*

(3) Cancer de tiroides
Este tipo de cáncer se desarrolla en los nódulos de la tiroides, habiendo 4 tipos de cáncer: (1) papilar o papilar-folicular cáncer de tiroides, (2) folicular o "hurthle" cáncer de tiroides que llega a representar el 15% de los casos, (3) cáncer de tiroides modular que llega a representar el 3% de los casos y, (4) cáncer anaplastia de tiroides que llega a representar el 2% de los casos.

Una nota importante es que los canceres de la tiroides son muy tratables y fácilmente sobrevividos.

Identificar Genes asociados con Enfermedades [Return]

¿Cómo sabemos qué gene está causando cierta enfermedad o característica personal? En los últimos 20 años, las nuevas tecnologías y entidades en el Sector Público y en el Sector privado se han multiplicado con el objetivo de asistir en la identificación of de genes responsables de enfermedades y características personales. Una de esas entidades es la **National Center for Biotechnology Information (NCBI),** con sede en Bethesda, Maryland, USA. Esta organización provee cursos, manuales, tecnologías, bibliotecas y

Capítulo 11: Genes, Personalidad, y Enfermedades

cursos a través del Internet. En esta sección echamos un vistazo a unos de esos cursos a través del Internet. Algunos de los acrónimos utilizados por equipos de médicos y enfermeras en la identificación de genes, un procedimiento paso-a-paso:[4]

- BLAST: Herramienta de alineación local (*Basic Local Alignment Search Tool*)
- EST: Secuencia expresada (*Expressed Sequence Tag*)
- cDNA: Colección de ADN clonada (*A collection or library of cloned DNA*)
- SNP: Secuencia de ADN que varía en un nucleótido (*DNA sequences which **differ** in a single nucleotide*)
- Genotype: La composición genética de un organism (*the genetic makeup of an organism with reference to a trait or group of traits*)
- Phenotype: El ADN que se puede observar de un organismo (*the observable DNA constitution of an organism*)
- Contig: Clones de segmentos de ADN para guiar la secuencia (*the overlapping clones that form a physical map of the genome that is used to guide sequencing and assembly*)
- OMIM: Una base-de-datos de la herencia Mendelia en la persona (*Online Mendelian Inheritance in Man*)

Pasos básicos de este proceso:

(a) Comparación del EST ADN de muestra del paciente para una enfermedad en particular con secuencias en el genoma (base-de-datos).
(b) Identificar los genes que se alinean con los ESTs
(c) Identificar y comprobar se las secuencias EST contienen conocidos SNPs, y
(d) Determinar si un variante de gene es causa de un fenotipo.

¿Listos para observar detalles de esta tecnología del NCBI? Entonces, procedemos a resaltar elementos de estos pasos en el caso de sickle anemia en un paciente:[4]

Paso 1: *Identificar la secuencia de ADN y su correspondiente cromosoma.* Pasar los ESTs del paciente con sickle anemia (i.e., anemia falciforme) a la caja de la herramienta BLAST. En este caso la herramienta presenta 4 casos en la secuencia NT-009237.17 en el cromosoma 11, como se muestra en el *Figura 2*.

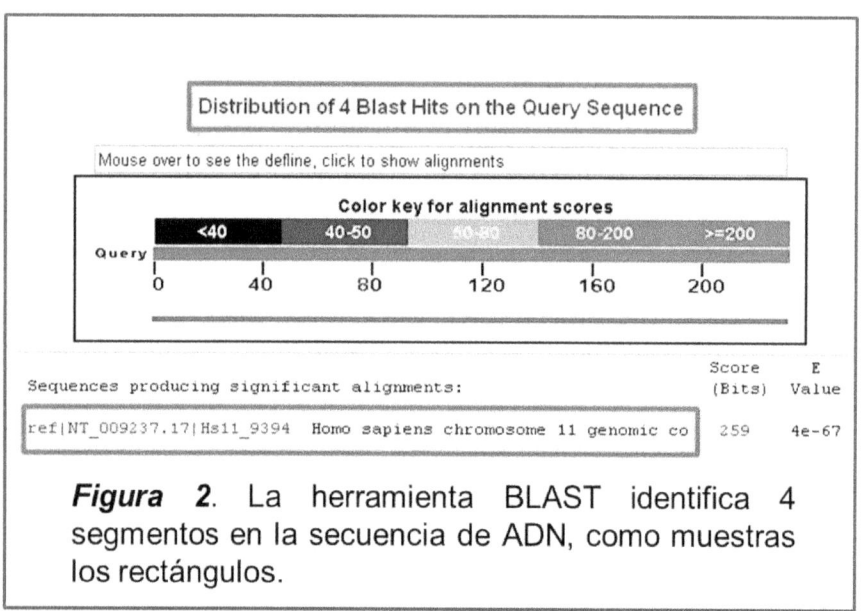

Figura 2. La herramienta BLAST identifica 4 segmentos en la secuencia de ADN, como muestras los rectángulos.

¿Qué hemos averiguado con este primer paso? El sistema ha podido encontrar 4 secuencias de nucleótidos en el *cromosoma 11*. ¿En qué cromosoma? No sabemos todavía. Continuamos.

Paso 2: *Identificar el gene(s) correspondiente.* Pinchar/presionar en el Map Viewer (Vista de mapas) en la herramienta BLAST. Esto resulta en 4 vistas que coinciden, como se muestra en *Figura 3*.

Capítulo 11: Genes, Personalidad, y Enfermedades

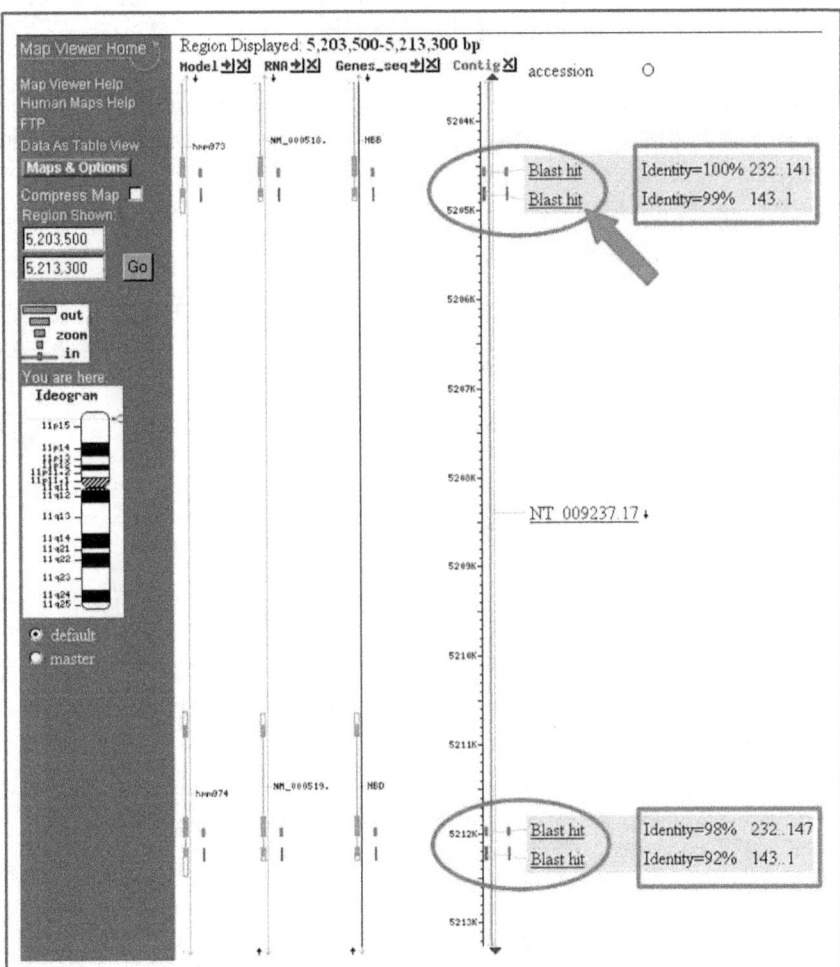

Figure 3. Vistas del *Cromosoma 11*, modelo de gene, RNA, y secuencia de ADN; la búsqueda EST ha identificado la variante "T to A" en el nucleotido 4035473 del contig NT-009237.17 que corresponde al *gene HBB*.

¿Qué es lo que hemos averiguado en este segundo paso? Ahora sabemos que la secuencia de nucleótidos del paciente corresponde al *gene HBB* en el *cromosoma 11* del genoma humano. También, ahora sabemos por parte de otros estudios que el gene HBB provee instrucciones para hacer una proteína de nombre beta-globin. Esta proteína es un componente de otra proteína mayor de nombre *hemoglobina* que está ubicada dentro de las células de la sangre.

Muy bien, a continuación queremos si los ESTs del paciente contienen variantes de nucleótidos (SNPs).

Paso 3: *Determinar si los ESTs del paciente contienen variants SNPs*. Para ello, presionar en el Map Viewer para desplegar en la pantalla la variación de genes y sus ASTs, y de esta forma poder detectar SNPs, en este caso rs713040, rs334, y rs11549407, como se muestran en *Figura 4*.

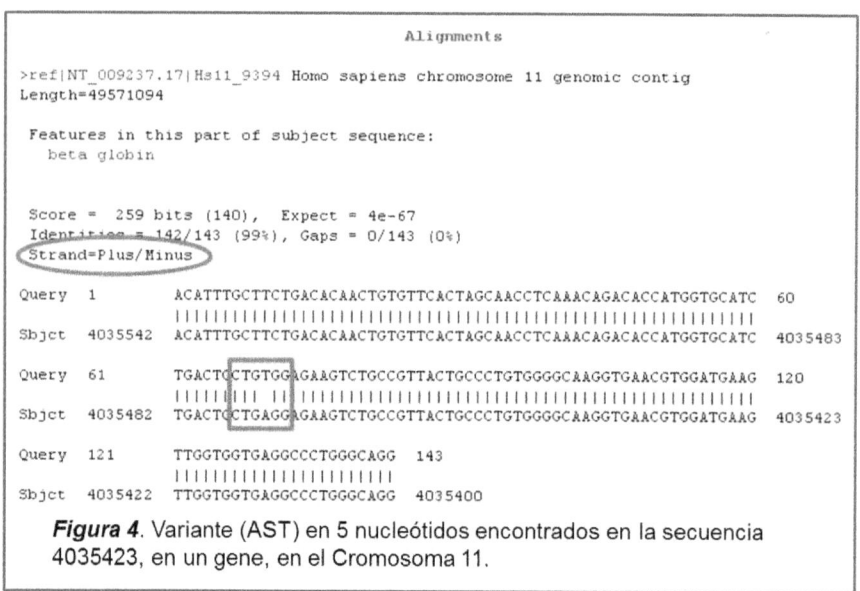

Figura 4. Variante (AST) en 5 nucleótidos encontrados en la secuencia 4035423, en un gene, en el Cromosoma 11.

¿Qué hemos averiguado en este tercer paso? Hemos averiguado que este es **la misma variación de nucleótidos** identificada anteriormente en NT-009237.17 usando la herramienta BLAST. Esta variación (SNP) "resulta en el cambio del séptimo amino acido en la proteína NP-000509.1, codificada por la mRNA NM-000518.4, de glutamato a valine", como se muestra en la *Figura 5*.

Capítulo 11: Genes, Personalidad, y Enfermedades

GeneView								
Group lable	Contig-->mRNA-->Protein	Contig position	mRNA orientation	Function	dbSNP allele	Protein residue	Codon position	Amino acid position
reference	NT_009237->NM_000518->NP_000509	4035473	reverse	nonsynonymous	T	Val [V]	2	7
				contig reference	A	Glu [E]	2	7

Figura 5. Vista de una sección de un gene, del SNP en rs334, mRNA NM-000518, una variante que resulta en un cambio en el amino ácido 7 de la proteína NP-000509.1 [4]

Paso 4: *Determinar si el gene HBB causa alguna enfermedad.* Finalmente, esta variante de nucleótidos es comparada con otras secuencias en la base-de-datos OMIM, la cual corresponde a la variante *Glu7Val* en el análisis del SNP; esta variante de nombre hemoglobina-S es ya conocida como causante del fenotipo *sickle cell anemia*.

Conclusiones. El *gene HBB* ha sido identificado como la causa de la enfermedad *sickle cell anemia* utilizando la herramienta BLAST en la organización NCBI.[4]

Síntesis de Pensamiento y Conocimiento, con Preguntas [Return]

Como ya sospechábamos, después de revisar los contenidos de capítulos anteriores, las variantes de genes y los factores ambientales son responsables de gran número de enfermedades y características personales:

- Ya hoy día, una lista larga de *características de la personalidad* de nosotros, los seres humanos, está asociada con un grupo de genes en nuestro cuerpo humano.

- Similarmente, un gran número de *enfermedades* han sido identificadas, el resultado de variantes en uno o más genes.

- Una vez más, **ambos el contenido genético y los factores ambientales** (ej., estrés del trabajo, el hambre, la experiencia, fatiga, calor, frio, etc.) contribuyen a la causes de enfermedades y diferencias en personalidades.

- Una lista de genes asociados a nuestras *características personales:*

Characteristic:	*Gene:*	*Cromosoma:*
Depresión	FKBP5	6
	HTR2A	13
Bipolar	DISC1	1
Condición	BDNF	11
	DAT1	5
	NRG1	8
	TPH2	12
	DAOA	13
	5-HTT	17
Ansiedad	MMP9	20
	BDNF	11
	NTF4	19
	EGR2	10
	EGR4	2
	GRM2	3
	ARC	8
Inteligencia	ADRB2	5
	CHRM2	7
	DTNBP1	6
	BDNF	11
	SRGAP2	1
Crímenes Violentos	MAOA	X
	CDH13	16
Deseo Sexual	DRD4	11

- Una lista de genes asociados con *enfermedades*:

	Gene:	*Cromosoma:*
Autismo	EN2	7

Capítulo 11: Genes, Personalidad, y Enfermedades

	AVPR1A	12
	5-HTT	17
	NLGN4	X
Alzheimer's	CASS4	20
	CELF1	11
	FERMT2	14
	HLA-DRB5	6
	INPP5D	2
	MEF2C	5
	NME8	7
	PTK2B	8
	SORL1	11
	SLC24A4	14
	CLU	17
	PICALM	11
	CR1	1
	BIN1	2
	MS4A7	11
	EPHA1	7
	CD2AP	6
Esquizofrenia	RGS4	1
	DTNBP1	6
	DAOA	13
	COMT	22
Desarrollo Muscular	IGF1	12
	MSTN	2
Alergias		
	TLR6	*4*
	C11/f30	*12*
	STAT6	*12*
	SLC25A46	*5*
	HLA-DQB1	*6*
	IL1RL1	*12*
	LPP	*3*
	MYC	*8*
	IL2	*4, y*
	HLA-B	*6.*

Tiroides	***PAX8***	2
	TTF-1/NKX2-1	14, y
	TTF-2/FOXE1	9

Pregunta 1: ¿Qué **niveles** de **procesos químicos y/o factores ambientales** participan para producir variantes en los genes correspondiente y, de esa forma, producir enfermedades?

Pregunta 2: De estos dos factores: (1) **herencia genética**, y (2) **factores ambientales** (ej., estrés, condiciones de trabajo, hambre, frio, calor, etc.) ¿Cuál de ellos tiene un mayor impacto en la producción de variantes en los genes?

Pregunta 3: ¿Qué **medios** tenemos a nuestra disposición **para medir la eficacia** de los mecanismos utilizados para reparar las variantes de secuencias en los genes?

Capítulo 12: Fronteras en la Investigación del ADN

*"Con la **ingeniería genética** podremos aumentar la complejidad de nuestro **ADN**, y mejorar nuestra raza humana. Pero será un proceso lento, porque tendremos que esperar unos 18 años para ver los efectos de cambios en nuestro código genético."*
-- **Stephen Hawking**, astrofísico Británico, escritor (1942-).

*"Casi todos los aspectos de la vida son diseñados **al nivel molecular**, y sin un entendimiento de las moléculas tan solo conseguiremos un entendimiento muy ligero de la vida."*

— *Francis Crick,* biólogo Británico molecular (1916-2004).

"Los humanos somos meramente transportadores de **genes**. *Ellos nos ponen a correr como si fuéramos caballos, de una generación a la otra.* **Los genes no piensan sobre que constituye el bien o el mal**. *A ellos no les importa si somos felices o infelices. Somos solamente medios para llegar a un final."*

– *Haruki Murakami*, escritor Japonés (1949-)

Introducción

¿Cuáles son los nuevos horizontes del futuro para la investigación del ADN? En este capítulo echamos un vistazo al trabajo de investigación del ADN hoy día, con el objetivo de ver un destello de cómo los descubrimientos del futuro pueden impactar el campo de la medicina, nuestra estructura de ADN, en áreas tan diversas como la calidad de nuestras vidas sociales, la ciencia forense, y la vida en nuestro planeta.

¿Entonces, estamos listos para considerar nuevas perspectivas de vida? ¡Fabuloso! Empezamos con nuestra lista de temas a considerar:

Contenidos:
- **MicroRNAs y la investigación del cáncer del pulmón**
- **¿Es la edad Reversible?**
- **Alzheimer, investigación**
- **Diabetes Tipo 2 y genes asociados**
- **Avances en la Reparación del ADN**
- **El ADN y la ciencia Forense**
- **Hashimoto Tiroiditis**
- **Genética del Cáncer de la piel (Melanoma)**
- **Síntesis de Pensamiento y Conocimiento, con Preguntas**

Capítulo 12: Fronteras en la Investigación del ADN

MicroRNAs y la investigación del cáncer del pulmón
[Return]

Estos compuestos moleculares han sido asociados con el desarrollo del cáncer, y son importantes reguladores de la expresión de los genes:

> "La expresión de los genes es regulada a través de un mecanismo complejo. Las regulaciones pueden ocurrir durante cada paso de la expresión del gene, ej., durante el modelado de la cromatina, durante la transcripción y traducción, el transporte de RNA, otros. Los principales reguladores de la expresión son las proteínas y las enzimas; también a través de ácidos nucleicos. Las microRNAs (miRNAs) regulan los genes generalmente después de la transcripción pegándose a los transcritos mensajeros de RNA (mRNAs) para silenciar el gene. Desde la primera descripción de los miRNAs en 1993 por **Victor Ambros, Rosalind Lee, y Rhonda Feinbaum**, más de 1.500 miRNAs diferentes han sido identificados. Ya que cada miRNA puede regular cientos de genes, creemos que la mayoría de los 20.000-25.000 genes humanos pueden ser regulados por una lista especifica de miRNAs."[1]

¿Cuándo fue identificada *la primera miRNA en cáncer del pulmón*?

> La primera miRNA en **cáncer del pulmón** fue identificad en 2004. En el análisis de 143 muestras de pulmón con cáncer se pudo observar que la expresión **let-7** esta correlacionada con un periodo reducido de supervivencia después de la operación; estos resultado fueron confirmados introduciendo let-7 dentro de la línea adenocarcinoma de la célula. Estos descubrimientos permitieron otros estudios sobre los mecanismos moleculares de la función supresora de cáncer del **let-7**.
>
> Dado que los **miRNAs** son muy estables, ellos sirven como bio-marcadores en la identificación temprana del cáncer del pulmón. Especialmente para el cáncer del pulmón, las

*pocas posibilidades de recuperación requieren nuevos métodos de detección temprana de este tipo de cáncer. Los patrones de miRNA expresión también pueden servir como herramientas de pronóstico. La **Figura 1** provee una visión de conjunto sobre las diferentes aplicaciones clínicas de los miRNAs en la oncología.*

La expectativa que los **miRNAs** continuaran ayudando en el futuro con pronósticos tempranos sobre el tratamiento del cáncer:

> *"Desde el descubrimiento de los miRNAs en la década de los 1990, estas moléculas han sido reconocidas por su potencial como bio-marcadores de cáncer. El cáncer del pulmón es pobre en su pronóstico y produce miles de casos cada año en todos países. En cuanto a la detección del cáncer, el mayor reto es el de la implementación de protocolos para el aislamiento y análisis de los miRNAs. Para la **terapia del cáncer**, sistemas robustos de envío de miRNAs al tumor han sido ya desarrollados. Finalmente, ambos, la detección del cáncer y su terapia se beneficiaran de un mejor conocimiento de papel biológico de los miRNAs en las células cancerosas."*[1]

¿Es la Edad reversible? [Return]

Un equipo de investigadores del **Salk Institute in California**, USA, es dirigido por el bioquímico **Juan Carlos Izpisua**, y este equipo ha podido alargar la vida de ratones un 30% a través del tratamiento de 4 genes previamente identificados por el biólogo Japonés **Shinya Yamanaka** (2012 Nobel Price):

> *"Un estudio que relaciona el proceso de envejecimiento al proceso de deterioro de segmentos del ADN pudiera conducir a métodos y tratamiento de enfermedades asociadas con la edad, tal como el **cáncer, la diabetes, y la enfermedad de Alzheimer**, como es detallado en la revista científica **Science**, 30 Abril 2015. En ese estudio, ese equipo de investigación y otros investigadores en la **Chinese Academy of Science**, relatan cómo descubrieron que la mutación genética en el síndrome de Werner, un desorden que conduce prematuramente a una edad*

avanzada y a la muerte misma, resultaba en el deterioro de grupos de ADN conocidos con el nombre de **heterocromatina**. *Este descubrimiento, logrado a través de una combinación de "stem cells" y tecnologías que editan los genes, pudiera conducir a formas de combatir efectos fisiológicos asociados con la edad, dando marcha atrás al daño en la heterocromatina.*

"Nuestros resultados indican que la mutación genética que causa el síndrome de Werner produce la desorganización de la heterocromatina, y que tal trastorno del empaque del ADN es una causa mayor del envejecimiento", dice **Juan Carlos Izpisua Belmonte**, *autor principal de este artículo. "Esto tiene implicaciones más allá del síndrome de Werner, ya que identifica un mecanismo principal en el envejecimiento, es decir la* **desorganización de la heterocromatina**, *que ahora sabemos es reversible.*

El síndrome de Werner es un desorden genético que hace a la gente envejecer más rápidamente de lo normal; afecta a 1 persona por cada 200.000 personas en los USA; **con este desorden la gente llega a sufrir de diabetes tipo 2, endurecimiento de las arterias, osteoporosis, y cáncer, tal que mueren a los 40 ó 50 años.**

La causa de esta enfermedad es una mutación al gene **RecQ**, *conocido con el nombre de* **WRN gene**, *que general la proteína WRN. Cuando esta proteína entra en mutación, se altera, destruye la reproducción y reparo del ADN, así como la expresión del gene. En su estudio los científicos del Instituto Salk tratan de entender con precisión cómo la proteína WRN alterada causa tanto daño celular. Para ello construyeron un modelo celular del síndrome de Werner utilizando bio-tecnologia para eliminar el WRN den las células "stem" humanas. Este modelo ha ayudado a entender cómo y porque las células envejecen rápidamente en el laboratorio; esas células imitan a la mutación de Werner en pacientes, y las células envejecen rápidamente. Descubrieron también que la eliminación del gene WRN* *también conducía a desordenes en la estructura de la heterocromatina, el ADN dentro del núcleo de las células. Este paquete de ADN actúa como un "interruptor" para controlar la actividad de los genes y dirige la compleja maquinaria molecular de las células. Tal que alteraciones a estos interruptores químicos puede cambian la arquitectura de la heterocromatina, que causa la expresión de los genes, o peor, se quedan silenciados.*

"Nuestro estudio conecta los puntos entre el síndrome de Werner y la desorganización de la heterocromatina, describiendo un mecanismo molecular que llega a perturbar los procesos celulares", dice **Izpisua Belmonte**. *"Ello sugiere que las alteraciones acumuladas en la estructura de la heterocromatina pudiera ser la causa mayor del envejecimiento de las células. Lo cual avanza la pregunta de si podemos dar marcha atrás a estas alteraciones, como el remodelar de una casa vieja o automóvil, para prevenir enfermedades asociadas con el envejecimiento prematuro."* Izpisua Belmonte añade que *más estudios son necesarios para entender plenamente el papel de la desorganización de la heterocromatina en el envejecimiento, incluida la reducción de los terminales de los cromosomas, conocidos con el nombre de* **telomeres**. *Adicionalmente, su equipo está desarrollando* **tecnologías de editado epigenetico** *para invalidar alternaciones epigeneticas que tienen un papel en el envejecimiento y en enfermedades."* [2][3]

Alzheimer, investigación [Return]

Se estima que existen 36 Millones de personas con la enfermedad de Alzheimer en los USA hoy dia. Este trabajo de investigación lleva en marcha varias décadas ya, logrando un buen número de descubrimientos, pero se requieren más avances:

"El detalle más importante de este desorden de Alzheimer (AD) es **la pérdida progresiva de la memoria**. *Sin embargo, el AD también es caracterizado por la dificultad de hablar, depresión, delirio, alucinaciones, y un*

Capítulo 12: Fronteras en la Investigación del ADN

*comportamiento agresivo. Aun con el reconocimiento de estas características de comportamiento, es difícil reconocer y diagnosticar esta enfermedad en su temprana fase. Son varias las zonas del cerebro donde se pierden las neuronas, acompañadas de agregados extracelulares en el **amyloid-beta peptide** y en la proteína tau conocidas como neurofibrillary tangles (**NFTs**).*

*La enfermedad de Alzheimer es clasificada como **familiar** (**FAD**, personas menores de 65 años, generalmente). El FAD es atribuido a 3 genes: el PRESENILIN 1 (**PSEN1**), el PRESENILIN 2 (**PSEN2**), y el gene AMYLOID BETA A4 PRECURSOR PROTEIN (**APP**). El caso más común de esta enfermedad, con el 90% de los casos ocurre **esporádicamente** (**SAD**), asociado con edad avanzada y posesión del ε4 alele del gene APOLIPOPROTEIN E (**APOE**). Existen otros factores de riesgo asociados con el estilo de vida de la personas y con otras enfermedades como hipertensión, la enfermedad cardiovascular, y la obesidad.*

El modelo Zebrafish. *Los "zebrafish" son pequeños pescados nativos de la India que frecuentemente se guardan en cajas acuáticas en casas. Inicialmente estos peces eran utilizados como modelos de organismos para el estudio del desarrollo de vertebrados, así como el estudio de una variedad de enfermedades humanas. Genes multiples en este animal pueden ser manipulados; el genoma de estos peces se separó del genoma humano hace unos 450 millones de años. Los genes implicados en el FAD han sido estudiados en los últimos 25 años; los PSEN genes juegan un importante papel en el desarrollo; por todo esto, los zebrafish representan un sistema útil para la investigación de eventos tal como la actividad **γ-secreatse** y la autofagia que participan en la patogénesis del Alzheimer.*

Modelos de animales son útiles en la investigación de patologías de las enfermedades humanas. La complejidad de cerebro humano, sin embargo, presenta dificultades a la *hora de modelar la enfermedad de **Alzheimer**. El trabajo continua, utilizado un numero de diferentes modelos, incluido el del zebrafish, para explotar la características de cada uno y desenredar la base molecular de esta enfermedad."*[4]

Diabetes Tipo 2 y Genes asociados [Return]

La enfermedad de la diabetes (*Diabetes disease "**DD**"*) es muy prevalente en muchos países, caracterizada por una compleja asociación con **un número de genes**, así como por su interacción con factores ambientales. Mucha investigación se ha realizado al respecto, pero los enigmas continúan:

*"La diabetes, particularmente la **diabetes tipo 2**, es una de las enfermedades más significativas en el sistema de salud pública en la civilización Occidental. Cada día, 4.100 personas en los USA son diagnosticadas con esta enfermedad. **De esas personas con diabetes, cada día, 230 tienen sus piernas amputadas, 120 son sometidos a diálisis de los riñones, y 55 pierden la vista.** En los USA, casi un 7% de la población (o sea unos 21 Millones de personas) tiene diabetes, incluidos 1 de cada 5 individuos por encima de la edad de 60 años. La diabetes representa la sexta causa más alta de muerte, y la gente con diabetes tiene un riesgo de muerte con un factor de 2 comparadas con gente de la misma edad sin esta enfermedad. La causa principal de muerte de personas con esta enfermedad no es la diabetes misma, sino las complicaciones de esta enfermedad. **El costo de la diabetes a la productividad y el costo medico de los USA es de 132.000 Millones de Dólares**. Para pronosticar a personas en riesgo de diabetes, se diseñan ingeniosas intervenciones clínicas que identifican causas y curas potenciales. Es esta necesidad que la que conduce a **estudios genéticos**.*

*Existe ya una evidencia consistente y extensa que indica que los **factores ambientales** juegan un papel importante en el riesgo de la diabetes de tipo 2. Otro tipo de estudio se concentra en **la identificación de genes** que contribuyen a* *esta enfermedad. A diferencia de la diabetes de tipo 1, en la que se identifican factores múltiples, la contribución de los genes en el "histocompatibility complex" (**MHC**), la diabetes de tipo 2 tiene un número menor de genes involucraos.* **La búsqueda de estos genes que contribuyen a la diabetes de tipo 2 ha sido difícil, siendo esos genes elusivos, difíciles de identificar.**

Aun así, los métodos a utilizar para la identificación de esos genes han estado evolucionando rápidamente. Hasta ahora la investigación se enfocaba en la evaluación de familias con casos múltiples de diabetes. Históricamente estos estudios estaban limitados a una pequeña población, donde **unos pocos variantes dentro del gene candidato** *eran analizados. Un problema con esos estudios era que los resultados generalmente no podían ser replicados, generando confusión en la aplicación de métodos genéticos. Por otro lado, con el adviento del* **Proyecto Internacional HapMap** *esas limitaciones genéticas fueron eficientemente resueltas. Actualmente, reactivos hoy día están disponibles para cubrir el genoma humano con una resolución de 5-kb, y así caracterizar la estructura del gene candidato, requiriendo tamaños mayores de poblaciones que participan en el estudio.*

Recientemente, una serie de documentos ("scans") del genoma humano en busca de la diabetes tipo 2 han sido publicados. Cientos de miles de "single-nucleótido polymorphisms", llamados **SNPs**, *en el genoma han sido identificados en poblaciones con origen en la Europa del Norte, y un numero de* **novel genes (TCF7L2, SLC30A8, IDE-KIF11-HHEX, CDKAL1, CDKN2A-CDKN2B, IGF2BP2, FTO**, *etc.) con funciones asociadas al riesgo de diabetes de tipo 2 han sido identificas. A pesar del aumento en el número de genes (ej.,* **PPARG, KCNJ11, CAPN10**), *la contribución de estos genes al riesgo genético continua siendo pequeña. Por lo tanto, muy posiblemente existen muchos más genes a ser identificados, con los cuales descubrir nuevos mecanismos en esta enfermedad.*

Utilizando el modelo de **FUSION** *(investigación entre Finlandia y los USA sobre la genética de la diabetes Tipo 2), los investigadores han caracterizado un conjunto de* **222 genes candidatos asociados con la diabetes de tipo 2**. *Personas fueron elegidas entre las familias que participaban en este proyecto FUSION, de los cuales 1.161 casos con diabetes tipo 2 y otros 1,174 casos de control, y estudiados descubriendo 3.531* **SNP**s *en esos genes candidatos. Estos genes candidatos fueron seleccionados utilizando un numero de estrategias, incluido el uso de bio-informatica, hasta poder considerar la distribución de estos genes en el genoma humano como un "candidate-wide association scan" (CWAS). A continuación, utilizando información de HapMap, los investigadores pudieron aumentar el número de SNPs utilizados en el análisis. Utilizando este enfoque CWAS, el equipo FUSION logro encontrar asociaciones entre los genes y el riesgo de la diabetes tipo 2, identificando 2 genes mas (***RAPGEF1*** y **TP53**). *Los autores sugieren que el gene RAPGEF1 representa un candidato solido debido a su papel en la señalización con insulina. El gene TP53 fue utilizado para estudiar la prognosis del cáncer en las células del páncreas. Este estudio sugiere que existen más genes a ser descubiertos que presentan un riesgo a la diabetes, y que hay enfoques múltiples, más allá de los CWAS, que pueden utilizarse en el descubrimiento de nuevos genes candidatos.*

La genética de factores de riesgo para la **diabetes de tipo 1 y tipo 2** *están siendo identificados, y rutas etiológicas (estudio de la causa de la enfermedad) están siendo diseñadas. Actualmente existen por lo menos 10 genes que influencian el riesgo de tipo 1 y otros 18 genes que influencian el riesgo de tipo 2.*

Tres áreas específicas de investigación han sido identificadas. Primero, *la búsqueda empezando con el gene a los resultados clínicos atraviesa productos de proteína que sirven como "intermediarios." El estudio de estas características puede llegar a proveer importante* *información en la transición desde la tolerancia de glucosa normal a la diabetes de tipo 2.* **Segundo**, *el secuenciar nuevamente las regiones que codifican esas proteínas puede ofrecer una manera eficiente de buscar y encontrar variantes. Se estima que las regiones que codifican las proteínas representan un 1% del genoma, y que pueden contener un porcentaje más alto de las variantes. Estudios que se limitan a esas regiones codificadoras, sin embargo, no identificaran variantes que influencian la enfermedad.* **Tercero**, *la evolución a través de varias especies puede llegar a proveer la habilidad para identificar lugares funcionales en el genoma humano. Análisis evolutivos de data secuencial sugiere que las alteraciones en las regiones reguladoras pueden ser dañinas, tanto como el alterar las secuencias en las regiones codificadoras.* **Estas 3 áreas de investigación deben ser integradas** *con los estudios de la actualidad para identificar otros factores de riesgo que interactúan con el genotipo."[5]*

Estudios recientes sugieren que los genes que influencian la diabetes son genes de **células Beta**, con referencia al aumento de resistencia a la insulina:

"Un resultado clave ha sido el hecho de que la gran mayoría de genes donde las mutaciones causan una aparición rápida de la diabetes tienen una función β-celular reducida, en vez de un aumento de resistencia a la insulina, como ha sido el caso con muchos genes como **GCK, HNF1A, HNF4A, and HNF1B**. *Esto indica que aun cuando existe una resistencia severa a la insulina, una célula β es generalmente capaz de compensar; por otro lado, no existe una compensación posible en el caso de deficiencia en la cantidad de insulina."[6]*

Ambrose Goikoetxea, Ph.D.

Avances en la reparación del ADN [Return]

Hemos aprendido sobre los elementos básicos en la tecnología CRISPR/Cas9 para "editar" secuencias de ADN, sí, pero la investigación sobre maneras de reparar el ADN continua:

*"¿Cómo se mantiene y repara maestro genoma? Una pregunta muy crucial. Un numero de enfermedades genéticas y canceres pueden reflejar defectos en los mecanismos de reparo de daño en el ADN. La conferencia **"Fronteras en la reparación del ADN"**, organizada por la científica* **Dra. Michela Di Virgilio***, recientemente reunió un número de investigadores sobre este tópico en Berlín para compartir los últimos descubrimientos en este campo.*

"Uno de mis objetivos para esta conferencia ha sido el inspirar y reunir a investigadores en Berlín y a nivel internacional que están trabajando en áreas diferentes pero de gran relevancia", dice la Dra. Michela Di Virgilio. El líder de grupo Max Delbrück Center (MDC) en el área de Medicina Molecular en la asociación Helmhotz inicio el simposio **"Fronteras en la Reparación del ADN"** *en la Academia de Ciencias de nombre Berlin-Brandenburg. Di Virgilio es una experta en la materia como directora del grupo "Reparación del ADN y mantenimiento de la Estabilidad del Genoma." En particular, ella está interesada en saber cómo las células se enfrentan a los daños simultáneos en ambas tiras de la molécula del ADN.*

"Las rupturas en ambas tiras del ADN ocurren como consecuencia de la radiación de iones o de su exposición a ciertos productos químicos, pero también como resultado del metabolismo normal", explica ella. "Una reparación precisa y eficiente de estas lesiones de ADN es crucial para la supervivencia de nuestro ADN; de lo contrario nuestro genoma puede ser inestable, y esto finalmente conduce a una predisposición para el cáncer."

Interesantemente, defectos en los mecanismos de reparo del ADN pueden ser explotados para desarrollar enfoques para las quimioterapias del cáncer, dado que la

Capítulo 12: Fronteras en la Investigación del ADN

*inestabilidad genética y esos defectos son sellos distintivos de muchos tumores. "La quimioterapia clásica conduce a efectos no deseados ya que afecta no solamente a las celular cancerosas sino que también a las células sanas," dice Di Virgilio. "Avances en la reparación del ADN han hecho posible el desarrollo de nuevas medicinas como los **inhibidores PARP**, que específicamente atacan a las celular cancerosas que no son capaces de reparar las rupturas en las dos tiras del ADN. Este es el caso de muchos canceres de pecho y de los ovarios, por ejemplo, donde las mutaciones en los genes **BRCA1** y **BRCA2** ocurren en los pacientes. Ambos genes codifican proteínas involucradas en la reparación del ADN.*

En los últimos años hemos visto un gran énfasis en la investigación sobre el reparo del ADN. Di Virgilio comenta que Berlín tiene el potencial para convertirse en un centro de investigación principal en esta área. Ella invitó a investigadores internacionales a la conferencia, los cuales presentaron una variedad grande de modelos y direcciones de investigación. También, científicos jóvenes tuvieron la oportunidad de presentar sus ideas. El evento presento un panorama ampliado y extenso de la investigación básica, desde la investigación molecular y celular a aplicaciones clínicas."[7]

El ADN y la Ciencia Forense [Return]

Desde su introducción en la década de los 1980s, **las pruebas forenses de ADN** han jugado un papel muy importante en la comunidad de justicia criminal en la identificación de criminales y en la puesta en libertad de personas inocentes. Nuevas tecnologías aparecen regularmente para ampliar las capacidades de laboratorios y su personal en el oficio forense de análisis del ADN, donde el análisis *"Short Tandem Repeat"* (**STR**) continúa muy principalmente:

"Las principales pruebas en uso hoy día consisten en utilizar los marcadores STR en combinación con bases-de-datos de ADN nacionales. Las herramientas comerciales

de hoy día típicamente amplifican por un factor de 15-22 los lugares autosomales de STR para cubrir los lugares Europeos y de los USA. La **Tabla 1** *muestra las prácticas actuales así como el potencial futuro de varios sistemas de marcadores genéticos utilizados en la ciencia forense del ADN. Un beneficio importante de los STRs se basa en el hecho de que múltiples alelos (genes) capacitan la detección e interpretación de las mezclas de ADN con mayor eficacia comparada con los marcadores de 2 alelos.*

Tabla 1. Práctica de actualidad y del futuro de marcadores geneticos para su uso en la *Ciencia Forense.*

Marcador	Practica actual (2014)	Practica del Futuro
Autosmal STRs	Segmentos utilizados para crear perfiles de ADN; data generada en laboratorios con sistemas CE.	Se extenderá el segmento de ADN para permitir comparaciones a nivel internacional.
Y-cromosoma STRs	Examen del segmento 12-27 Y-STR con frecuencias haplotipo encontradas en la base-de-datos (ej., YHRD.org)	Se extenderá la base-de-datos de la poblacion para mejorar las frecuencias haplotipo.
X-cromosoma STRs	Data de la problación recogida para segmentos 12+	X-STR y X-SNP marcadores utilizados.
Mitocondria DNA	Secuencia de la región Sanger con frecuencia hiplotipo en base-de-datos (ej., EMPOP.org)	Completar el mtGenoma con NGS para producir resolución alta.
Marcadores con 2 aleles (SNPs e InDels)	Varias docenas de SNPs examinadas con multiples SNaPshot diagramas sobre	Cientos de SNPs o bien InDels para describir ancestros, y predicciones fenotipo

	plataformas CE para predicción de ancestros.	en plataformas NGS.

El desarrollo de las bases-de-datos de ADN en los USA.
*El número de muestras (ambos, de la escena del crimen y referencias) involucradas en las bases-de-datos de ADN indica que los marcadores genéticos utilizados para generar perfiles de ADN en esas bases-de-datos avanzará el futuro de pruebas de ADN. En los últimos 15 años, las leyes sobre la colección de muestras de ADN se han ampliado para proveer un número mayor de muestras. La **Tabla 2** hace un repaso del aumento en el número de Estados que han requerido el recogimiento de ADN en varias categorías de crímenes.*

***Tabla 2.** Resumen de leyes en los USA sobre bases-de-datos y ofensas que requieren recogida de ADN.*

	Numero de Estados				
Crimenes (ofensas)	*1999*	*2004*	*2008*	*2010*	*2014*
Crimenes sexuales	*50*	*50*	*50*	*50*	*50*
Crimenes Violentos	*36*	*48*	*50*	*50*	*50*
Robos	*14*	*47*	*50*	*50*	*50*
Juveniles	*24*	*32*	*32*	*32*	*31*
Arrestados	*1*	*4*	*14*	*25*	*32*

Ambrose Goikoetxea, Ph.D.

*Observamos que mientras solamente crímenes sexuales eran requeridos en los 50 Estados en 1999, el número de crímenes que ahora requieren la colección de muestras de ADN ha aumentado consistentemente. En 1999 solamente 5 Estados requerían que toda persona convicta de un crimen necesitaría proveer una muestra de ADN. Hoy día todos los 50 Estados recogen muestras de ADN de los **convictos**. Similarmente, el número de Estados que permiten recoger muestras de ADN de personas **arrestadas** por un crimen ha aumentado de 1 en 1999 a 32 Estados en 2014.*

Treinta y dos Estados, *el Departamento de Justicia, el Departamento de Defensa, y Puerto Rico tienen ahora leyes que autorizan recoger muestras de ADN de personas arrestadas. Este aumento se ha logrado porque los desarrolladores de bases-de-datos de ADN, los proveedores de herramientas de pruebas, y las victimas han tenido éxito en pedir esas nuevas leyes en los USA. También, con una financiación Federal significante desde 2004, las pruebas de ADN han crecido a un nivel de 1,5 Millones de muestras procesadas cada año. Laboratorios en el Sector Privado, como Bode Technology Group, Cellmark y Myriad Genetics, han proporcionado la mayoría de los perfiles de AND generados, dado que los laboratorios en el Sector del Gobierno no tenían la capacidad requerida. Los informes de FBI indican que más de 250.000 investigaciones criminales se han beneficiado de pruebas de ADN acumuladas hasta 2014.*

Retos críticos de hoy día. *El éxito de las pruebas de ADN se ha traducido en un crecimiento significativo, lo cual también ha producido un aumento en interpretación de data. Esta interpretación, sin embargo, llega a producir errores en situaciones de mezcla de ADN de 3 ó más* *individuos. El trabajo con este tipo de muestras ha progresado en los últimos años como resultado de aumentos en la sensibilidad de detección del ADN."*[8]

Hashimoto Tiroiditis   [Return]

Esta enfermedad parece ser el resultado de una combinación de factores genéticos y ambientales, aunque muchos de estos factores no son conocidos hoy día. **Hashimoto Tiroiditis (HT)** es clasificada como un desorden auto-inmune, uno en un grupo de condiciones que ocurren cuando el sistema inmune ataca los tejidos y órganos del mismo cuerpo:

*"En las personas con **Hashimoto tiroiditis**, las células blancas de la sangre de nombre **linfocitos** se acumulan anormalmente en la **glándula tiroides**, llegando a dañarla. Los linfocitos hacen proteínas anti-cuerpos que atacan y destruyen células de la tiroides. Cuando muchas de las células de la tiroides son dañadas o mueren, la tiroides ya no puede producir suficientes hormonas para regular las funciones del cuerpo. Esta **escasez de hormonas** está detrás de los síntomas de la enfermedad de Hashimoto. Sin embargo, algunas personas con anti-cuerpos en la tiroides nunca llegan a desarrollar hipo-tiroiditis o a sentir síntomas relacionados.*

*Personas con Hashimoto tiroiditis tienen un riesgo de desarrollar otras enfermedades auto-inmunes, como vitíligo, artritis reumatoide, la enfermedad de Addison, diabetes tipo 1, esclerosis multiples, y anemia. Variaciones en varios genes han sido estudiadas como posibles riesgos en contraer este tipo de tiroiditis, incluidos algunos que son miembros del **"human leukocyte antigen" (HLA) complejo,** como se muestra en **Figura 1**. El HLA ayuda al sistema inmune a distinguir entre las proteínas del mismo cuerpo y las proteínas sintetizadas por cuerpos invasores, como en el caso de bacterias y viruses. Otros genes que han sido asociados con la tiroiditis de Hashimoto ayudan a regular el sistema inmune o están involucrados en funciones normales de la tiroides. La* *mayoría de las variaciones genéticas que se han descubierto tienen **un impacto muy leve** en el riesgo de adquirir esta enfermedad."*[9]

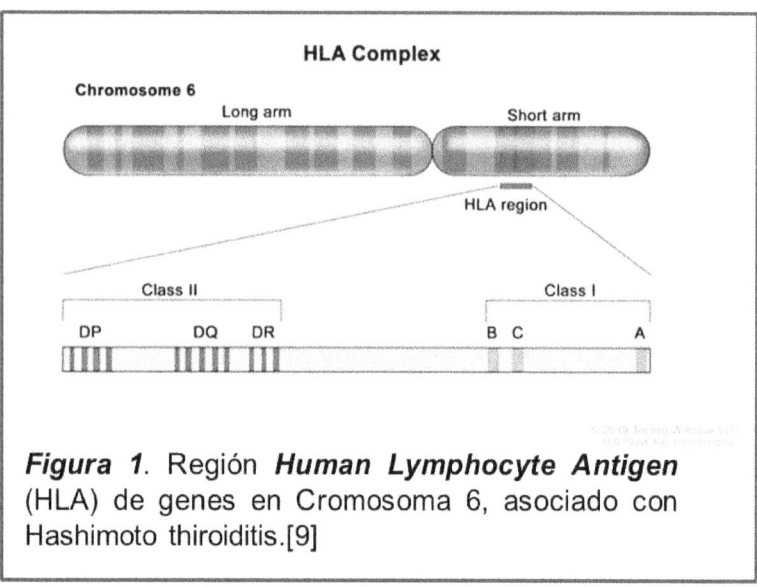

Figura 1. Región **Human Lymphocyte Antigen** (HLA) de genes en Cromosoma 6, asociado con Hashimoto thiroiditis.[9]

Las enfermedades auto-inmunes (***AITD***s), que incluyen la enfermedad de ***Graves*** y la de ***Hashimoto***, están asociadas con hasta 20 genes:

> *"Hoy día, los únicos genes asociados con el AITD son el **TG**, un gene que codifica tiroglobulina en las enfermedades de Graves y de Hashimoto, y el **TSHR,** el gene que codifica el receptor tirotropina que solo afecta a la enfermedad de Graves. El gene TG codifica la glicoproteina producida exclusivamente por la glándula tiroides. Análisis de secuencias han identificado un SNP asociado con AITD en la población Caucásica. El gene TSHR codifica una proteína de membrana que envía señales y que es un controlador del crecimiento y*

metabolismo de la tiroides. SNPs en intron 1 (en Caucásicos) y en el intron 7 (en personas Japonesas) han sido asociados con la enfermedad de graves en estudios recientes. "[10]

Genética del Cáncer de la Piel (Melanoma) [Return]

El *melanoma maligno* es el tipo de cáncer que generalmente ocurre en las piernas y brazos de las mujeres y en la espalda de los hombres. Una principal causa del melanoma son los rayos ultra-violeta (UV) del sol en las personas con un nivel bajo de pigmentación en la piel. Es el más peligroso de todos los canceres de piel, con unas 232.000 personas afectadas globalmente, con Australia y Nueva Zelandia entre los países con las ocurrencias más altas en el mundo. ¿Qué sabemos de su genética?:

"Un numero de mutaciones raras que ocurren en algunas familias aumenta la susceptibilidad a esta enfermedad del **melanoma**. *Varios* **genes** *contribuyen al riesgo de esta enfermedad. Algunos genes contribuyen a un alto riesgo a esta enfermedad; otros genes más comunes como el* **MC1R**, *que causan el pelo rojo, contribuyen un riesgo más elevado. Pruebas genéticas son aplicadas para buscar e identificar mutaciones en los genes.*

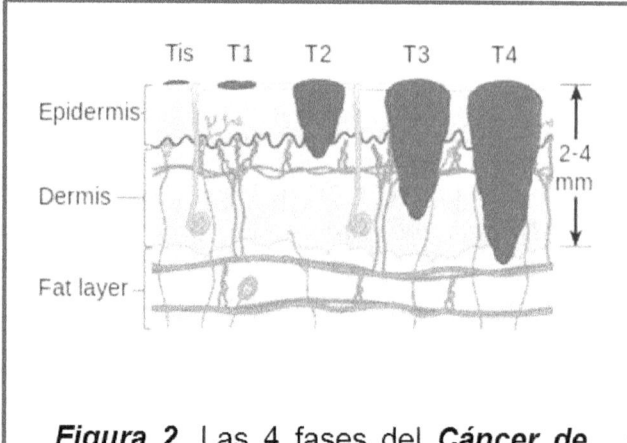

Figura 2. Las 4 fases del **Cáncer de Melanoma** en la piel humana. [11]

*Una clase de mutaciones afecta al gene **CDKN2A**. Una mutación conduce a desestabilizar el centro **p53**, un factor de transcripción involucrado en el apoptosis y en la mitad de los canceres en los humanos. Otra mutación en el mismo gene produce un inhibidor en funciones del CDK4, un kinase que produce división de células. Mutaciones que producen "xeroderma pigmentosum" (XP) también aumenta el riesgo de esta enfermedad. Distribuidas por todo el genoma, estas mutaciones reducen la habilidad de las células en reparar el ADN. Ambas, mutaciones CDKN2A y XP, son de gran riesgo.*

*El melanoma es genéticamente heterogéneo, y sus alteraciones se encuentran en los brazos 1p, 9p, y 12q de los genes. **Eventos genéticos múltiples** han sido asociados con el desarrollo de esta enfermedad. El gene **CDKN2A/MTS1** codifica la p16INK4a, una proteína inhibidora de "cyclin-dependent protein kinases" (CDKs), localizado en la región 21p del **cromosoma 9**.*

*Otras mutaciones conducen a un riesgo menor, aunque son más comunes en la población. Personas con mutaciones en el **gene MC1R**, por ejemplo, tienen un riesgo mayor, por un factor de 2-4, de desarrollar melanoma que aquellos* *genes con dos copias. Estas mutaciones son muy comunes, y todas las personas con pelo rojo tienen una copia de esta mutación. Por otro lado, mutaciones en el gene **MDM2/SNP309** están asociadas con riesgo algo en mujeres jóvenes. Personas con un historial de un melanoma, corren un riesgo algo de desarrollar un segundo tumor."* [11]

Síntesis de Pensamiento y Conocimiento, con Preguntas [Return]

Ahora que sabemos que las ***mutaciones en los genes*** juegan un papel importante en la causa de enfermedades, nos concentramos en una lista de conocimientos adquiridos, como hemos recogido en este capítulo:

- En la lista de ***reguladores de la "expresión" de los genes*** (i.e., ponen en marcha a los genes para sintetizar las proteínas, o les separan de esa función) se encuentran otras proteínas, enzimas, ácidos nucleicos, y las ***microRNAs***; la gran mayoría de nuestros 22.000 genes están regulados por las microRNAs.

- Las MicroRNAs juegan un papel importante en la detección temprana del ***cáncer del pulmón***.

- El proceso del envejecimiento está fuertemente relacionado con el deterioro celular del ADN; este descubrimiento puede conducir a nuevas tecnologías para desacelerar el envejecimiento, como el científico ***Juan Carlos Izpisua*** ha publicado.

- La causa de la enfermedad de ***Alhzeimer (AD)*** se atribuye a mutaciones en los genes PENS1, PENS2, y APP; otros factores como la obesidad, enfermedad del corazón, y la hipertensión también contribuyen a esta enfermedad.

- ***La Diabetes tipo 2*** es la sexta mayor causa de la mortalidad a nivel global; un total de 21 Millones de personas en los USA padecen esta enfermedad; hasta ahora 220 genes candidatos que pudieran contribuir a esta enfermedad se han identificado, y la investigación continua.

- La reparación de rupturas en las tiras del ADN constituye un estudio intenso en las nuevas tecnologías, tal como la tecnología **CRISPR/Cas 9**.

- Más de 250.000 investigaciones criminales, hasta hoy día, se han beneficiado de las *pruebas forenses de ADN*; este apoyo continua creciendo globalmente gracias a las nuevas tecnologías forenses y a cambios en las leyes para aceptar estas tecnologías.

- Los genes que pertenecen a la familia del **HLA complex** ayudan a nuestro sistema inmune a distinguir proteínas producidas por nuestro propio cuerpo de aquellas producidas por bacterias y viruses; este descubrimiento pudiera ayudar en el tratamiento de la *tiroiditis de Hashimoto*.

- Múltiples mutaciones de genes (algunas a causa de rayos ultravioleta (UV) del sol) han sido identificadas y relacionadas con el *cáncer de la piel de nombre melanoma*, incluidas las mutaciones en los genes CDKA y XP en el *cromosoma 9*.

Pregunta 1: ¿Qué quiere decir *"marcha atrás"* del proceso de envejecimiento? ¿Es una marcha atrás de todas las células en todos los órganos, o simplemente una marcha atrás para una selección de células solamente? Un automóvil, por ejemplo, es solamente fiable con respecto a su componente más débil; podemos tener un automóvil con nuevas ruedas/neumáticos, pero si ese automóvil tiene ya sus 30 años de operación entonces no va a ser muy fiable en la carretera.

Pregunta 2: El tratamiento genético de una enfermedad y los hábitos sanos de vida deben ir juntos. Entonces, ¿deberían ir juntos (1) la regulación de la venta del

Capítulo 12: Fronteras en la Investigación del ADN

tabaco por parte del Estado, (2) el control de su uso por parte de la persona, y (3) la investigación del ADN para reparar genes asociados con el cáncer del pulmón?

Pregunta 3: ¿Están de acuerdo hoy día en la **lista de prioridades de investigación** el sistema medico (i.e., nivel nacional e internacional) y las entidades que investigan el ADN? Uno de los criterios a considerar en la identificación de prioridades pudiera ser el grupo de genes y sus mutaciones que generan el mayor número de muertes en nuestra sociedad hoy día, por ejemplo.

Ambrose Goikoetxea, Ph.D.

Capítulo 13: Cuestiones Éticas y Legales en la investigación del ADN

*"Mientras que nuestro comportamiento es en forma significante controlado por **nuestra herencia genética**, tenemos en nuestro cerebro una gran oportunidad de crear nuevas culturas y comportamientos en las próximas pequeñas escalas de tiempo."*

— **Carl Sagan,** científico y autor, en su libro *"The Dragons of Eden: Speculations on the Evolution of Human Intelligence (1977, 1986), 3.*

Introducción

En este último capítulo propongo echar un vistazo a cuestiones éticas y legales asociadas a nuestro campo de ingeniería genética, investigación del ADN, desarrollo de bases-de-datos de ADN, y otros temas relacionados:

Contenidos:
- **Pruebas Genéticas Pediátricas**
- **El Grupo Ético de la Base-de-Datos Nacional del ADN**
- **Manipulación de Genes y de la Ética**
- **Patentado de Genes y la Ética**
- **Ética de la Mejoría Humana**
- **Transgénicos y cuestiones Éticas**
- **Síntesis de Pensamiento y Conocimiento, con Preguntas**

Pruebas Genéticas Pediátricas [Return]

¿Debería permitirse la prueba genética de niños(as)? Escuchemos los "pros" y "cons" de tal propuesta:

*"La organización **American Academy of Pediatrics (AAP)** y la **American College of Medical Genetics (ACMG)** proveen nuevas guías sobre la cuestión ética de pruebas genéticas en pediatría en los USA. Sus recomendaciones indican que tales pruebas deben ser en el interés de las personas menores. En el caso de adultos, y en una situación hipotética, un 84%-98% de los adultos indicaron una predisposición a tales pruebas. AAP y ACMG recomiendan esperar hasta llegar a la edad adulta para ejercitar las pruebas de ADN, a menos que el ejercitar las pruebas durante la infancia y adolescencia puedan reducir la mortalidad.*

Pruebas en busca de fármaco-genética y para reciénnacidos es aceptable, comunican esas recomendaciones del AAP y del ACMG. En el caso de donantes de tejidos, un número de mecanismos debe existir para proteger a los menores de coacción. Ambas organizaciones están en contra del uso directo de herramientas genéticas dada la posible mala interpretación de sus contenidos.

Estas recomendaciones también sugieren que los padres deben informar a sus hijos(as) de los resultados de la prueba genética. Dentro de estas recomendaciones, los proveedores del Estado (sector público) tienen la obligación de informar a los padres o guardianes de las implicaciones de los resultados. AAP y ACMG indican que cualquier tipo de prueba genética debe ser ofrecida con **asesoramiento** *por parte de la Clínica de Genética, consejeros, y proveedores de asistencia médica."*[1]

El Grupo Ético de la Base-de-Datos Nacional del ADN
[Return]

Esta organización en el Sector Privado, el **Grupo Ético** (EG), aconseja al gobierno del **Reino Unido** (UK) sobre cuestiones éticas y legales respecto al desarrollo y uso de la Base-de-Datos Nacional de ADN (*UK National DNA Database*, **NDNAD**). Este grupo fue establecido en 2007 para proveer al gobierno del UK con consejo ético independiente sobre las prácticas del NDNAD; provee artículos y publica un informe anual. Tiene como su visión "*asegurar que todas las decisiones sobre el uso forense del ADN son consideradas en la luz de principios éticos, y de que las personas solo proveerán ADN para propósitos forenses, y que todas esas personas son tratadas con dignidad y respeto.*" Es decir, los siguientes principios:

- *Que la* **NDNAD** *debe tener una base legal que es compatible con el* **Acto de Derechos Humanos de 1998**, *y que provee un gobierno independiente de sus operaciones.*

- *Que existen reglas claras, detalladas y* **transparentes** *para gobernar las operaciones de cada día de la NDNAD, y proveer contra el riesgo de abuso.*

- *Que el uso de muestras forenses de ADN **no discrimine** contra miembros de cualquier segmento de la sociedad.*

- *Que las operaciones de la NDNAD están **basadas en la ciencia**, una ciencia que muestra un racional fuerte y convincente para justificar tales operaciones.*

- *Que todas las decisiones tomadas en relación con la operación de la NDNAD dentro del sistema de justicia criminal sean **justas en el balance** de los derechos del individuo y las necesidades de la sociedad para detectar y proveer actividad criminal.*

- *Que todas las personas que son requeridas por la ley en dar una muestra de ADN son tratadas con dignidad y respeto, y que existe **un proceso independiente de reclamaciones para garantizar un derecho** a un remedio efectivo.*

- *Que **el público sea informado** en todos los aspectos del NDNAD, en formas que se puedan entender, incluido el proveer la información necesaria a personas requeridas a proveer una muestra de ADN.*

- *Que la investigación científica que utilice el NDNAD sea permitida solamente después de consideración de estos principios, and que ha sido sometida a **un escrutinio independiente y ético**.*

- *Que los derechos de los niños(as), adolescentes, y otras personas vulnerables sean protegidos y **en acuerdo con convenciones internacionales**.*

Un ejemplo de la actividad vigilada por el grupo EG es el uso de información sobre el cromosoma "Y" en los hombres:

> *"El **cromosoma Y** se encuentra en los hombres solamente y es heredado del padre, y como tal el análisis de segmentos en el este cromosoma puede ser usado para relacionar a hombres que tienen los mismos padres ancestros. La evaluación por el perfil Y-STR es importante en la investigación de asaltos sexuales, donde el gran*

Capítulo 13: Cuestiones Éticas y Legales en la investigación del ADN

volumen del ADN de la mujer pudiera enmascarar cualquier nivel de ADN del hombre que pueda estar presente, si es analizado usando el standard autosoma de técnicas de STR. El grupo EG ha hecho una **evaluación ética** *de una propuesta presentada por el "Metropolitana Pólice Servicie"* (**MPS**) *en un proyecto piloto para producir perfiles Y-STR de escenas de crímenes para tratar de establecer conexiones en casos de* **crímenes sexuales.** *Se pronunció a favor de la cautela indicando que sin una buena evaluación de las conclusiones existía el riesgo de completar el proyecto* **sin una utilidad forense.** *El MPS pudo proveer criterios para la evaluación correcta del proyecto.*

Al considerar si el Proyecto Y-STR pudiera ser útil y ético, el grupo EG era consciente de que si la prueba de ADN era de uno de los dos géneros solamente entonces tal prueba no sería equitativa. Aunque argumentos de discriminación contra los hombres pudieran salir, el grupo EG pensó que existen argumentos más fuertes a favor de usar las pruebas de ADN para asistir en crímenes sexuales. El grupo llego a la conclusión que **sería menos equitativo el no usar las pruebas Y-STR** *cuando los medios están disponibles."*[2]

Manipulación de Genes y la Ética [Return]

En nuestra era de oportunidades en el campo de la medicina para alterar el genoma humano, para aliviar enfermedades, o para proveer "poderes de Superman", esta entrevista llevada a cabo por NOVA con el **Dr. Philip Kitcher** de *Columbia University* es de un interés particular:[3]

(1) *"NOVA: ¿Esta Ud. interesado o preocupado por las implicaciones de la medicina molecular, o un poco de los dos?*

Kitcher: Tendría que decir que un poco de los dos. Y creo que mi actitud desde que escribí **The Lives to Come** *(Las Vidas por Llegar) me conduce a preocuparme un poco más.*

¿Y porque es ese el caso?

Dos razones: Primero, algunas de las cosas que yo indique como necesarias hace una década todavía no están en su lugar, y muchos problemas nos esperan ahora. Creo que la actitud política del país esta tan en contra de instituir programas que consideramos necesarios que es posible que un gran número de personas sufran como consecuencia. Lo segundo es que me parece que más recursos del **Sector Privado** *esta entrando en este campo y, consecuentemente, la investigación científica se haga para* **ganar beneficios de dinero** *que no creo repercuta en beneficio de las comunidades en el mundo.*

(2) ¿Dónde deberíamos marcar la línea entre prevenir el sufrimiento con la terapia genética y el mejoramiento genético de las personas? Es decir, ¿una vez que empezamos donde queremos parar?

Creo que existen unas cosas que claramente mejorarían la calidad de vida de algunas personas, y esa es una buena idea. Si podemos hacer algo exitoso con la terapia genética para prever la pérdida de memoria o para que la gente continúe activa física y mentalmente, no veo razón para no intentar. Tampoco veo razones para no combatir enfermedades por medio de la terapia genética, de ello ser posible. Ya sé que hay defensores, pero en este momento no es una buena idea el jugar con terapia genética, simplemente porque todavía está en una fase muy inicial. Puede que avance mucho en las próximas décadas, pero de momento está en una fase muy primitiva. Pocas personas estarían en desacuerdo que una vez que aprendamos como hacerlo, la prevención genética de enfermedades como la de Huntington sería muy aceptable, claro.

(3) **Jugando a Dios.** *Bueno si esta ciencia avanza lo suficiente, y empezamos a evitar y cambiar vidas que los médicos y padres consideran averiadas, ¿estaríamos jugando el papel de un Dios?*

Bueno, creo que el uso de la prueba de **Tay-Sachs** antes de nacimiento es algo muy compasivo, y apruebo de ello. Por otro lado las cosas se complican cuando hablamos de

Capítulo 13: Cuestiones Éticas y Legales en la investigación del ADN

enfermedades como fibrosis cística, enfermedad cardiovascular en la edad adulta, enanismo, y ciertos tipos de ceguera y sordera. Ahí es donde yo creo que es difícil decidir entre prevenir o no una vida a la hora de nacer.

(4) ¿Y qué tal, hipotéticamente hablando, si las pruebas de ADN revelasen genes que predisponen a una persona, digamos, a la obesidad, la homosexualidad, o un IQ (coeficiente de inteligencia) bajo?

Bueno, sabemos que estas son cosas probabilísticas. En el caso de preferencia por el mismo sexo, por ejemplo, no existe una posibilidad mayor al 50%. La obesidad viene con ciertos riesgos a la salud, y la cuestión entonces es de si existen medios para evitar la falta de salud en la persona.

Es horrible para mí el pensar en un mundo en el cual todos(as) tenemos que conformarnos con una lista limitada de atributos. Cuando escribí aquel ensayo hace unos pocos años en el **London Review of Books***, el editor le dio un título interesante: "****Alto, bien parecido, Heterosexual, e Inteligente****." En mi opinión, creo que sería horrible el confinar la variedad humana a ideales tan estrechos y limitados.*

(5) Y aun así, ¿Quien no quisiera ser alto, inteligente, y completamente sano?

¿Porque nos preocupamos por ser altos? ¿Nos preocupamos por la inteligencia por ello mismo, o estamos interesados en ello como una forma de tener éxito en la vida? Si es lo segundo, entonces claro que queremos que nuestros hijos(as) sean más inteligentes que otros niños. Creo que no hay nada malo si uno tomase una actitud diferente: "Quiero esto para mi hijo, espero que cada otro niño(a) pueda tenerlo también." **Pero la verdadera preocupación es cuando hay condiciones en la cual queremos tener una ventaja sobre otras personas**; *cuando uno quiere hijos que son más inteligentes o más musculosos que otras personas.*

(6) Límites éticos. ¿Es ético el alterar los genes de alguien que no ha nacido todavía, o que no ha dado su consentimiento?

*No es técnicamente posible, todavía no. Consideremos la siguiente posibilidad. Hay un feto, y descubrimos a través de pruebas genéticas que existe **una variante en un gene** con posibles problemas extremos. Digamos es la enfermedad de Huntington, y que tenemos unas tijeras moleculares para cortar esa variante. No hay nada que no sea ético en hacer esa operación. Podemos tener confianza en que esto es lo que el niño(a) también quisiera, ¿No?*

Supongamos que a una mujer embarazada le dijeran que si come cierta substancia, existe un gran riesgo para su niño de desarrollar una enfermedad. Me parece a mí ético el que ella se abstenga de comer esa substancia.

En ambos casos creo que existe un principio moral: Tenemos confianza en que la nueva criatura nos agradecería esa intervención.

(7) *¿Y qué tal cuando tengas que hacer algo diferente, como cambiar el color de los ojos, si ello llega a ser posible?*

Cambiar el color de los ojos no es difícil hoy día. Se no podemos encontrar cosas mejores en la tecnología bio-medica que el cambiar el color de los ojos, entonces la vida sería bastante fácil. De momento tenemos ya muchos problemas médicos urgentes, y el cambiar el color de los ojos no es uno de ellos.

*Me parece que sería frívolo el desperdiciar recursos médicos en el mundo rico en este momento cuando hay tantas enfermedades y dolor que se pueden prevenir y curar en el mundo en desarrollo (sub-desarrollado). Ese es el tema en el que me metí cuando escribí mi libro, para recomendar el uso de técnicas genéticas a nivel global. Millones de niños en el mundo sub-desarrollado mueren a causa de **la malaria** cada año, por ejemplo. ¿No debería ser uno de nuestros primeros objetivos el secuenciar nuestro genoma humano para tratar de crear **una vacuna** contra la malaria?*

(8) *Una obligación moral. ¿Existen compañías en este país que pudieran estar interesadas en ganancias económicas para obtener esa vacuna? Esta cuestión apareció*

Capítulo 13: Cuestiones Éticas y Legales en la investigación del ADN

recientemente respecto al uso de drogas contra el SIDA, con algunas compañías farmacéuticas considerando bajar los precios de esas drogas médicas en África...

Pues bien, hay **una cuestión moral** aquí. En los USA tenemos muchos recursos económicos, and comunidades en otras partes del planeta están sufriendo terriblemente con enfermedades que pudiéramos curar. Y más aún, están sufriendo por cuestión de condiciones que pudiéramos investigar utilizando las tecnologías que ya tenemos.

Me parece una cuestión muy seria si deberíamos poner más recursos y dinero para estudiar la genética molecular del cáncer, cuando podríamos secuenciar los genomas de ciertas enfermedades y desarrollar vacunas para prevenir la muerte de Millones y Millones de niños que mueren cada año. Ciertamente aquí hay muchas cuestiones morales. Basado en mi estudio de los recursos invertidos, existe una desproporción entre la inversión respecto a la cura del **cáncer** y la inversión respecto a la cura de la **malaria**, por ejemplo.

(9) *¿Qué pudiera cambiar nuestra forma de pensar, digamos, para hacer más investigación en la malaria?*

Siempre me ha gustado pensar que a la gente se le pudiera persuadir con argumentos morales, cuestiones de compasión. Ahora no estoy tan seguro. También me ha gustado pensar que se pudieran utilizar argumentos de prudencia, que la gente llegase a entender que una ruptura en la salud de los países sub-desarrollados es básicamente una amenaza global, en realidad.

Este es el argumento que **Laurie Garrett** propone en su libro de mucho miedo, **The Coming Plage** (La Plaga que Viene). Su argumento es que el mundo de hoy día es un lugar pequeño, donde las enfermedades infecciosas pueden viajar muy rápido, y que el mundo de los ricos cree que puede escapar de tal azote.

Voy a extender el punto de vista de Garrett. Creo que debemos pensar de nosotros como muy afortunados, de que *por un periodo de tiempo nos hemos preocupado de enfermedades genéticas y de condiciones que atacan a las personas en la edad adulta. Y que no hemos tenido que preocuparnos por los grandes asesinos del pasado: la tuberculosis, las plagas, la malaria, la viruela, etc.*

(10) Una cuestión de privacidad. Algo que a la gente le preocupa es la privacidad. ¿Es la información genética algo a privatizar? ¿Podría o debería ser patentada?

*Bueno, cuando le preguntaron a **Jonas Salk** porque no patentó su vacuna contra el polio, él dijo: "**No patentamos el sol.**" "Es así como me parecen las cosas. **Creo que la medicina molecular es una aventura de cooperación que sirve a los intereses de la humanidad.** La idea que es conducida por motivos locales y el dinero, y que eleva los precios para conseguir más beneficios económicos es simplemente una idea equivocada. No es correcto que la medicina entre en una mentalidad de libre mercado con ganancias de dinero."*

(11) ¿Y qué le parece la privacidad personal? ¿Deberían los médicos, el gobierno, u otra entidad tener acceso al perfil genético de una persona?

*Mi inclinación ha sido la de decir que no importa quien tiene acceso a la información genética si no hay nada que se les permita hacer con ello. Quiero decir, no es la información en si misma que constituye **una invasión a la privacidad de la persona**. Si alguien conoce mi información del ADN, ello no es como si conocieran los detalles de mis relaciones, con mi mujer, mis hijos, y todo ello. No es esa tipo de invasión, ese tipo de intimidad.*

*El problema es que la gente que sabe cosas sobre el ADN de otras personas pudiera usarla para hacer todo tipo de intervenciones en sus vidas que no son de beneficio a esas personas. Por lo que mi forma de pensar ha sido la de evitar que se use la información genética **si la quieren saber para discriminar.***

Capítulo 13: Cuestiones Éticas y Legales en la investigación del ADN

Creo que sería aconsejable el suplementar todo ello poniendo barreras alrededor de la información genética para que la gente no pueda obtenerla, simplemente porque si no la pueden obtener entonces tampoco pueden usarla. Así que hoy día estoy a favor de una doble barricada: (1) reducir a un mínimo el número de gente que puedan tener acceso a la información genética, y (2) al mismo tiempo poner es su lugar regulaciones y leyes para evitar que la gente use ese conocimiento genético de otras personas y que actúen contra los derechos de esas personas; **tener leyes contra la discriminación genética en el trabajo y en las compañías de seguros**, *para empezar.*

(12) Evitando la discriminación. ¿Cómo, entonces, puede una persona prepararse para la era de la medicina molecular? ¿Algún consejo?

Una campaña, para empezar, **para una salud universal**. *Quiero decir, el argumento que presenté en mi libro es todavía un buen argumento. Tu puedes ser una de las personas afortunadas, pero aproximadamente el 5% de la población no tendrá suerte. Esas personas muy probablemente no podrán cubrir los costos de un seguro. Una vez que todo esto empieza, y las compañías de seguros empiezan a pedir información sobre tu persona con esta y aquella prueba genética, algunas gentes van a averiguar que no pueden pagar los costos de un seguro de salud.*

Cuando doy pláticas sobre estos temas, invariablemente una o dos personas dicen: "Conozco a alguien a quien..." y entonces me cuentan una historia triste acerca de nuestro sistema de salud, sobre algo que ya está ocurriendo.

(13) ¿Puede dar un ejemplo del tipo de enfermedad por la cual este tipo de discriminación ya está ocurriendo?

Claro, en las mujeres con variantes en los genes responsables por el cáncer de mama.

¿Y sus costos de seguro cambian por ello?

Sí. Y existen otros escenarios también. Es el caso de una pareja que tenían un hijo con el diagnóstico del **síndrome**

Frangile X, y que lograron conseguir un seguro para él para cubrir varios medicamentos y tratamiento. Pero el seguro terminaba a la edad de 5 años. Existen otras personas con una situación similar, con fibrosis quística ("cystic fibrosis"); han conseguido un seguro pero con un alto costo, y hasta una cantidad máxima de pago de seguro.

(14) Más Adelante, en el futuro, ¿puede Ud. ver o imaginar a las pruebas genéticas creando un nuevo sistema que distingue entre las personas basadas en sus genes?

Sí, creo que esa situación pudiera ocurrir. Es más, creo que ocurrirá con el sistema actual.

¿Las personas ricas y las personas pobres?

Sí. Pero algunas personas que son ricas –los Republicanos deberían pensar sobre esto -- encontraron que la lotería genética les ha dada una bofetada, y que son vulnerables, y que sus muchos recursos económicos no les protegerán. A la lotería genética no le importa si eres Republicano(a) o Demócrata, y tampoco le importa si ganas al año 400.000€ ó solamente 30.000€

(15) Una larga revolución. ¿Entonces, estamos viendo el principio de la edad dorada de la medicina, o potencialmente una aventura inmoral y sin ética?

Estamos en el medio de una gran revolución, la cual producirá muchos beneficios médicos a costos muy variados en el próximo siglo, o dos próximos siglos. Es difícil de predecir donde surgirán esos beneficios; la proliferación de pruebas genéticas ocurrirá, y para ello no estamos preparados, penosamente.

Si tuviera que predecir, sería algo como esto: Nuestras curas de salud y sus tratamientos ocurrirán de una forma lenta, relativamente; habrá muchas promesas de curas y tratamientos, pero será muy difícil el solucionar situaciones. Las curas y tratamientos para enfermedades como el cáncer o remedios para las enfermedades cardiovasculares aparecerán, aunque a pasos irregulares y despacio.

Capítulo 13: Cuestiones Éticas y Legales en la investigación del ADN

> *Mientras esto ocurre, habrá una era de pruebas genéticas, y la gente entrara en ello sin consejo clínico adecuado. Tendremos médicos que saben poco sobre la genética, y pacientes que no están adecuadamente protegidos. Entonces, lo que ocurrirá en los siguientes 20 años, es que todos(as) sabremos de alguien cuya vida ha empeorado a consecuencia de pruebas genéticas, y entonces este país se dará cuenta de que tenemos que poner en su lugar protecciones para nuestras comunidades."*[3]

Patentado de Genes y la Ética [Return]

¿Deberían los profesionales y empresas tener **un interés comercial** en su estudio de la genética? Sugiero considerar los argumentos publicados por **Miriam Schulman**, directora de comunicaciones en el *Markkula Center for Applied Ethics*, en la *Santa Clara University*, USA:[4]

> *"Mientras que pudiera ser atractivo para la gente en el campo de la biotecnología el deshacerse de esta pregunta, ello apunta sin embargo a una cuestión ética significante. Hay algo en el **genoma humano** que es diferente de otros temas relacionados con patentes. El **ADN humano** simboliza algo esencial en los seres humanos y, como tal, saca a relucir la cuestión de la dignidad humana. Mientras pudiéramos respetar esa dignidad y continuar con las patentes, algo de crucial importante en el desarrollo de drogas, no sería sabio el ignorar la preocupación pública sobre cómo tratar los elementos básicos de la vida.*
>
> *La dignidad es solamente uno de las cuestiones de ética comunicadas en la **conferencia** "Patenting Human Life" (Patentar la vida humana), promocionada por SCU's High Tech Law Institute, el Markkula Center for Applied Ethics y el Bay Area Bioscience Center. Otras cuestiones éticas son: (1) ¿Qué sistema de propiedad intelectual produciría la mejor terapia, y mejoraría la vida humana?, y (2) ¿Qué sistema aseguraría que estos descubrimientos son accesibles a todas las personas que los necesitan?*

Dignidad. Cuando una persona expresa preocupación sobre el tema de patentar el ADN, están reaccionando a la idea de poseer algo fundamental a la vida de la persona. Un abogado probablemente respondería diciendo que una patente no confiere propiedad. **John Barton**, un profesor de leyes en la Stanford University, describe la protección de la propiedad intelectual como "una lista de derechos exclusivos." Es decir, el dueño de una patente de ADN no es dueño de la secuencia de genes; él o ella simplemente tienen el derecho, por un tiempo limitado, a prevenir a otros a usar utilizar esa secuencia o información sobre ella.

Es verdad, pero no es suficiente como para ignorar la preocupación sobre la dignidad. **El patentar el ADN aun sugiere para muchas personas que los genes son mercancías**. Es una ecuación que dio problemas a **Suzanne Holland**, un profesor en historia de la medicina en la University of Washington, Escuela de Medicina. "Los productos de la biotecnología no son cacharritos de electrónica," dijo ella. Holland se preocupa de que el patentar los genes pueda "erosionar nuestra dignidad, a medida que el proceso gana aceptación y que está bien el comprar y ganar cosas que nos hablan de humanidad."

Por supuesto, existen esas personas que cree que los humanos no se merecen ese trato especial. En la conferencia, el presidente **Brian Cunningham** contribuyo esta reflexión: "Parece ser correcto el patentar todo animal en el zoológico pero no a nosotros, una reflexión de nuestra necesidad de creer de que somos algo especial, y no parte del continuum de la naturaleza."

Margaret R. McLean, directora de biotecnología y ética en el Markkula Center for Applied Ethics, tomó una vista en el medio. Mientras aceptaba de que los humanos "no deben ser utilizados," ella sugirió que el patentado del ADN "no necesariamente implica la modificación de las personas." El truco, McLean explicaba, es distinguir entre la identidad genética y la identidad personal. "Un humano es más que la

Capítulo 13: Cuestiones Éticas y Legales en la investigación del ADN

suma de sus genes," añadió. En la cuestión de patentes, debemos tener cuidado en no sugerir que los humanos pueden reducirse a un código, lo cual si sería un asalto a la dignidad.

La promoción de la salud en los humanos. Mientras que el patentar el ADN corre el riesgo de disminuir el respeto hacia la dignidad, algo de riesgo pudiera ser aceptable si el resultado produce una mejoría en los humanos. Una mayoría de las personas en la industria de la biotecnología empiezan con este entendimiento y proceden a la pregunta: "Si el objetivo es mejorar la salud con la creación de un diagnóstico y terapias, ¿Sirve el sistema de patentes para lograr este objetivo?

Había un acuerdo universal entre los abogados y profesionales de la industria de la biotecnología en la conferencia de que alguna forma de protección a la propiedad intelectual es necesaria para promocionar el desarrollo de nuevas medicinas. Los inversores no pondrán dinero en una compañía sin ninguna evidencia de que la firma tiene protección de su propiedad intelectual, como **Sue Markland Day**, presidenta de la Bay Area Bioscience Center, sugiere. Como ejemplo, ella sugiere la caída en los precios de la bolsa cuando el expresidente Bill Clinton y el primer ministro Tony Blair produjeron una pronunciación comentando los límites de las patentes de los genes. "**Las patentes son la línea de vida de la bio-tecnología**," añadía Markland Day.

Ello no quiere decir que la gente en la industria de la biotecnología quiere ignorar las dimensiones éticas del patentado de genes. **Thane Kreiner**, vicepresidente de Affymetrix hace la observación: "No es cuestión de si las patentes son correctas o no, sino de si presentan un reto." Se refería a las guías de las patentes y como estas se aplican en la industria. Son tres criterios principales a considerar: (1) novedad, (2) creatividad, y (3) utilidad. Las entidades que han firmado el **Agreement on Trade-Related Aspects of Intellectual Property Rights (TRIPS)** para decidir si otorgar o no patentes sobre secuencias de genes, ellos deben decidir si aplicar los estándares directamente o con flexibilidad. **Una barra alta** requiere, por ejemplo, que los solicitantes indiquen la utilidad de una secuencia e incluir evidencia que el gene hace lo que el solicitante explica. **Una barra baja** permite solicitudes que descansan en la posibilidad teórica de que un gene tenga cierta utilidad, o no.

La cuestión se complica por el hecho de que esta ciencia genética está en un flujo continuo. El descubrimiento de una secuencia que pudiera haber representado una gran novedad en la década de los 1990 –tal como la asociación entre el gene *BRCA1* y el cáncer de mama – es ahora menos impresionante que las nuevas tecnologías que identifican a los variantes de los genes que producen enfermedades.

Otra complicación tiene que ver con el alcance de las patentes. Mucha aplicaciones se han registrado a utilizar en la identificación de ESTs y SNPs, y no es claro si patentes en estos fragmentos del ADN extienden el uso de esos genes.

Estas son varias de las cuestiones que preocupaban a **Barton** en Stanford University, un miembro de la mesa de presentadores que produjo el **Nuffield Council on Bioethics** informe sobre la ética de patentar el ADN. La mesa redonda concluía de esta forma:

En general, la ley ha sido generosa en otorgar patentes en relación con secuencias de ADN. No solamente muchas de las patentes eran amplias, sino que se han otorgado cuando los criterios por creatividad y utilidad fueron débilmente aplicados. Muchas de las patentes residen en el extranjero, en otros países, porque un científico frecuentemente recibe mejor protección para su patente en esos países.

Acceso. Donde posicionar "la barra" puede llegar a crear las terapéuticas que tienen el potencial para mejorar la vida de las personas. Pero la historia de la ética no termina ahí. Algunas veces nuestra política de las patentes produce

Capítulo 13: Cuestiones Éticas y Legales en la investigación del ADN

buenas medicinas que también pueden ser caras para muchas comunidades.

Muchas personas que trabajan en la industria de la biotecnologia están de acuerdo en que este es un problema, pero indican que no es su problema. Una empresa no es una institución filantrópica; existe para hacer negocio. Pero sacar el tema de acceso no es lo mismo que sugerir que la industria debe resolver este problema. La industria, sin embargo, debe participar en esta discusión, la cual pudiera empezar con una exploración de una justicia distributiva: **¿Cómo pudieran los beneficios en esta industria repartirse equitativamente?**

Un criterio de justicia dice que esas personas que han contribuido a la creación de un beneficio deberían recibir parte de ese beneficio. Generalmente, ha existido una contribución pública al descubrimiento de medicinas. De las 50 medicinas que más se venden en este país, 48 de ellas se beneficiaron de dinero público inicialmente, como comenta **Holland**. *En el caso de los genes, el público ciertamente ha contribuido a la base de conocimientos a través del* **Proyecto Genoma Humano** *y otros proyectos. Consecuentemente, el público tiene derecho a participar en los beneficios económicos de la investigación genética, diríamos.*

¿Puede el sistema de patentes ser ajustado para mejor repartir los frutos? No sin compensación, dice June Carbone, profesora de ética en SCU y una de las organizadoras de la conferencia:

La cuestión es si queremos: (1) el sistema actual, que enfatiza primero el desarrollo de medicinas que salvan vidas, aunque a veces son muy caras y no son accesibles a todo el mundo; (2) una mayor distribución de dinero público a productos de mayor acceso; y (3) gastos públicos dramáticamente mayores para la investigación.

El patentado de genes debe ser visto dentro de este contexto, McLean aboga. De lo contrario, una sociedad que promociona productos y medicinas caras puede llevar la infraestructura de la medicina a la bancarrota.

*También deberíamos invocar la vieja virtud de la compasión. ¿En realidad queremos ser el tipo de gente que restringe el acceso a las medicinas a la gente pobre? Holland propone su prueba de litmus al patentado del ADN: **¿Qué es lo que hace por los miembros más vulnerables de nuestra sociedad**?*

*Estas cuestiones éticas pudieran ser estudiadas y consideradas en varias formas. Podríamos apoyar programas del gobierno para proveen terapias basadas en el conocimiento del ADN a la gente necesitada. Podríamos apoyar esfuerzos de la industria, tal como la **política Genentech** que **Brian Cunninghan** describe, a través de la cual la empresa reserva parte de las ganancias económicas en el proyecto **Human Growth Hormone** para proveer terapias para niños(as) necesitados. Podríamos presionar a las empresas para permitir el uso de sus patentes para desarrollar terapéuticas menos caras y más accesibles.*

*La resolución de estos dilemas éticos es solamente limitada por nuestra imaginación. **Lo único que no podemos hacer es ignorar la dimensión ética de patentar la vida humana.**"*[4]

Ética de la Mejoría Humana [Return]

¿Hay algo malo con la idea de tener "súper poderes" humanos, tal como una gran velocidad para correr, una estructura de músculos que permita ganar títulos de "*Mr. Universe*", una altura física y personal de 2 metros, una aumentada habilidad sexual, o el poder vivir 120 años en buena salud? Sabemos, por ejemplo, que muchos hombres y mujeres han tomado *esteroides* y otras drogas para ganar títulos de "Mr. Universo" y "Ms. Olympia", pero que después murieron a la temprana edad de 35-45 años. ¿Valió la pena el adquirir esas grandes mejorías físicas y títulos, si después pagaron el precio y murieron jóvenes? Escuchemos al **Dr. Fritz Allhoff y su**

Capítulo 13: Cuestiones Éticas y Legales en la investigación del ADN

grupo, de la Western Michigan University, USA, en entrevista con la *National Science Foundation* (NSF):[5]

(1) ¿Cuáles son algunos ejemplos de mejoría en las funciones cognitivas?

En el área de mejorar las **capacidades mentales**, *algunas personas ya están utilizando farmacéuticos hoy día para lograr objetivos como alta productividad, creatividad, tranquilidad, y felicidad. El uso de* **Ritalin**, *reservado a pacientes de ADHD, también es utilizado por estudiantes para aumentar su concentración. En los deportes, drogas como los "beta-blockers", inicialmente creados para tratar la presión alta de la sangre y otros desordenes, han sido usadas para reducir la ansiedad y de esa forma aumentar la actividad física. En tiempos de guerras, estimulantes han sido usados para tratar el estrés post-traumatico, la falta de sueño, y de esa forma creando mejores y más eficientes soldados. Otras drogas recreacionales como el alcohol son utilizadas para aumentar la creatividad y la relajación. En el futuro, a medida que las tecnologías se integran en nuestros cuerpos, se anticipan* "**implantes neuronales**" *en nuestros cerebros para mejorar nuestros poderes de proceso de información. Nuevos programas de "realidad virtual" son capaces de simular actividades, tal como el entrenamiento de soldados y policías en situaciones peligrosas, tal que después puedan responder mejor y rápidamente a eventos en el mundo real.*

(2) ¿Cuáles son algunos ejemplos de **mejoría de capacidades físicas?**

En el área de **capacidades físicas**, *el uso de esteroides por atletas es uno de los más obvios. La cirugía cosmética también ha ganado popularidad, no con objetivos correctivos, sino para aumentar la atracción personal, lo cual implicaciones genéticas y éticas. Miembros prostéticos también han mejorado en su funcionalidad y ayudando a adquirir fuerza, desatando un debate sobre si esos atletas deberían participar o no en los juegos Olímpicos, por ejemplo.*

En el futuro, esperamos continuar avanzando en el área de la robótica y en la bio-tecnologia para darnos partes cibernéticas, desde brazos bionicos a narices y orejas cibernéticas, que se alzaran por encima de las capacidades de nuestros cuerpos. Hoy día, organizaciones de investigación tal como el instituto de Nanotecnologias del **MIT** *(Massachusetts Institute of Tehnology) están ya trabajando en un exo-esqueleto para proporcionar fuerza súper-humana. También lentes de contacto que nos permiten ver en la oscuridad o recibir información de un monitor digital de tamaño miniatura. Además, se están avanzando diseños como células artificiales que contienen un depósito de oxígeno.*

(3) ¿Pudiéramos justificar las nuevas tecnologías para la mejoría humana abogando por nuestro derecho a ser libres?

Posiblemente no existe un valor mayor en nuestra democracia que el de ser libes, tener libertad, definida en parte como la ausencia de restricciones. Pero porque la libertad es central a la cuestión de la mejoría humana ("human enhancement"), ello añade mucha gasolina a este debate. Las personas a favor de la mejoría humana a través de las bio-tecnologias argumentan en contra de reglas diciendo que estas infringen en nuestras vidas. Existe una objeción –para argumentar contra la **intervención del gobierno** *– contra cualquier número de propuestas de regulación, desde prácticas de empleo hasta el mejoramiento de ropas de escuela para niños(as). Aunque la libertad sea vista como la "vaca sagrada" que no debe ser acorralada, la realidad es que no tenemos una libertad completa en varias áreas de la vida. Como ejemplos, la libertad de prenda y la libertad de palabra no protegen a la personas de cargos de calumnia, o de incitar al pánico gritando "fuego" en un teatro. Nuestras expectativas de privacidad ceden el paso a medidas de seguridad, por ejemplo.*

(4) ¿Pudiéramos justificar la mejoría humana a través de las bio-tecnologias si no se hace daño a nadie?

Capítulo 13: Cuestiones Éticas y Legales en la investigación del ADN

Para justificar restricciones a nuestra autonomía, por supuesto, necesitaríamos fuertes y validas razones. Una tal razón pudiera ser que tales bio-tecnologias representan un riesgo para la persona a ser operada, en forma similar al uso de esteroides en atletas. Hasta el beber agua puede acarrear algunos problemas; por ejemplo, podemos llegar a ser dependientes de agua con fluoro para prevenir caries de dientes, o beber mucha agua que diluye el sodio en el cuerpo a niveles demasiado bajos.

(5) ¿Saca a relucir cuestiones de justicia, acceso, y equidad la mejoría humana a través de las bio-tecnologias?

Aunque podamos entender que existen presiones para mejorar la vida de uno o de nuestros hijos(a), es importante lo siguiente: las **ventajas ganadas** *por personas a través de las bio-tecnologias también implican una desventaja relativa para otras personas en deportes, oportunidades de empleo, actividad académica, y otras. Es decir, la* **justicia** *es otro valor a considerar en un debate. Una preocupación asociada es que las personas ricas serían las primeras en adoptar las bio-tecnologias, así creando un hueco aun mayor entre los que tienen y los que no tienen. Por otro lado también queremos algo de hueco en la población para proveer incentivos hacia las innovaciones y motivar al individuo a superarse económicamente.*

(6) ¿Nos preocupa si llega a existir una "diferencia en la mejoría de vidas" debido a las bio-tecnologias?

Si existe una "diferencia en la mejoría de vidas", pudiera haber entonces una mayor desventaja para las personas en el lado equivocado; no serían ellos(as) tan capaces física y mentalmente como los demás. ¿Qué **políticas** *deberían ser desarrolladas para evitar esta situación? La llegada de las nuevas tecnologías de la información (ICT) originó la* **"diferencia digital"** *("digital divide"). Se teme también que las nano-tecnologias lleguen a profundizar estas divisiones entre comunidades y sociedades.*

(7) ¿Qué tipo de perturbaciones sociales pudieran resultar como consecuencia de las mejorías humanas?

*Justicia y equidad no son simplemente valores teóricos, pues también tienen consecuencias muy prácticas. La desigualdad, justificada o no, puede provocar a las masas a llevar revueltas contra el sistema o el estado. Muchas instituciones hoy día están basadas en una lista de habilidades e igualdad en recursos. Los **deportes**, por ejemplo, cambiarían drásticamente si a las personas con "mejorías bio-tecnologias" se les permite competir para la desventaja de los otros atletas, rompiendo records anteriores. También, si las tecnologías logran extender la vida por unos 20 años de buena vida, entonces tendríamos que alterar radicalmente nuestros programas de jubilaciones y pensiones. Mirando aún más lejos en el futuro, si estas mejorías de la bio-tecnologia nos ayudan a adaptar nuestros cuerpos y mentes, por ejemplo, a vivir bajo el agua como los peces, entonces tendríamos que construir nuevas instituciones para gobernar ese estilo de vida, incluidos bienes inmobiliarios bajo el agua, leyes de polución, la moneda, y el diseño de aparatos electrónicos. O bien, en otro extremo, una humanidad que vive en el espacio, entre planetas, requeriría muchos cambios en nuestro estilo de vida.*

(8) ¿Existe un derecho a tener una mejoría humana debido a las bio-tecnologias?

*Los derechos, se pudiera decir, están en dos categorías principales: (1) **derechos humanos**, unas veces calificados como "derechos naturales", y (2) un una clase de **derechos más convencionales** basados en costumbres, roles, y las leyes de la sociedad. Ejemplos del primero son los derechos declarados en el Declaración de Independencia Americana: "Consideramos estas verdades como evidentes, que todos los hombres son iguales, que están dotados por su Creador con cierto derechos, incluidos Vida, Libertad, y la búsqueda de la Felicidad. Sin embargo, el derecho de uno a la libertad, por ejemplo, no le permite a uno a infringir en los derechos de otras personas. Por lo tanto, un derecho a una vida mejorada*

Capítulo 13: Cuestiones Éticas y Legales en la investigación del ADN

a través de la bio-tecnologia y su aplicación en situaciones particulares pudiera ser retada dada que infringe en los derechos de otros, o en que su ejercicio puede causar daños extremos. Pudiéramos hacer leyes, por ejemplo, que permite algunas mejorías, y leyes que prohíben otras mejorías. Pudiéramos justificar el uso de nano-herramientas que vigilan nuestros cuerpos por erupciones de cáncer. Por otro lado prohibiríamos nano-herramientas que dan a los humanos un aumento de inteligencia que es seguido por convulsiones y ataques de corazón, por ejemplo.

(9) ¿Debería haber limites en las mejorías de vida debidos a las bio-tecnologias, ej., en actividades militares?

En este momento, sin saber exactamente qué tipos de tipos de mejorías y tratamientos serán inventados, la respuesta no es clara. Puede haber situaciones en las que las mejorías impongan riesgos serios a la salud, o bien puedan incomodar a las instituciones, como en deportes, admisiones a las universidades, otros. Aplicaciones militares presentan un serio dilema moral y social: ¿deberíamos estar en el negocio de armas o en modificación de los humanos para hacer daño en guerras? ¿Si nuestros enemigos son fácilmente vencidos por nuestros súper-soldados, tomaran nuestros enemigos soluciones más agresivas como armas nucleares of bio-quimicas?

(10) ¿Tendríamos que reconstruir el concepto de la ética misma?

En parte, nuestro sistema de ética depende de la clase de criaturas que somos. Con las mejorías humanas posibles con las bio-tecnologias nos podríamos convertir en criaturas diferentes y, por lo tanto, pensar diferentemente sobre nuestras posiciones éticas. Por ejemplo, ¿seriamos civilizados hacia otros humanos que difieren substancialmente de nuestra propia naturaleza? ¿Tendríamos que pensar éticamente, de una manera diferente? Las nano-tecnologias, neuro-tecnologias, la genética, y las tecnologías de la información cambiarían nuestra forma de actuar y pensar, seguramente.

> *¿Mejoraría la calidad de nuestras vidas o no? ¿Cómo sabremos que tecnologías escoger y cuales no escoger?*
>
> *Formular y justificar nuevas políticas es complicado por el hecho de que los nuevos conceptos no puedan proveer un entendimiento de las nuevas situaciones in nuestras vidas."*[5]

Transgénicos y cuestiones Éticas [Return]

¿Y que pensamos de transferir genes de una planta a otra con el objetivo de crear especies de plantas transgénicas can pueden sobrevivir mejor cambios climáticos? ¿Representa ello una mala estrategia si tal práctica se extiende a otras especies en la industria de la comida? En los animales este proceso también existe, como es el caso de cruzar un caballo con un burro para producir una mula. *¿Una posibilidad peligrosa?* Escuchemos a **Linda MacDonald Glenn** sobre una lista de cuestiones éticas:

> *"Esta área de los **transgénicos** permite a los científicos desarrollar organismos que expresan un nueva característica normalmente no encontrada en una especie; por ejemplo, patatas que son ricas en proteínas, o un arroz que tiene niveles altos de Vitamina A. Los transgénicos también pueden ser utilizados para salvar especies " **en riesgo**" como es el caso de la castaña Norte-Americana, que está siendo repoblada con híbridos Chino-Americanos con resistencia a un hongo mortífero que llego a decimar las especies nativas en la década de los 1900s.*
>
> ***Los científicos también están usando transgénicos para desarrollar nuevas vacunas.** Las combinaciones de transgénicos también incluyen transgenes entre plantas-animales-y-plantas como es el caso de fragmentos de tumores humanos insertados en plantas de tabaco para desarrollar un vacuna contra el **linfoma de Hodgkin**.*
>
> *En otro Proyecto transgénico con plantas, conocido con el nombre "**el proyecto de la planta brillante**", incorpora un gene de una luciérnaga (animal) a una planta casera, creando así plantas que despliegan una iluminación suave en la oscuridad. Uno de los objetivos es crear árboles que iluminen*

Capítulo 13: Cuestiones Éticas y Legales en la investigación del ADN

calles, así reduciendo costos de electricidad. ¿Una posibilidad deseable?

BioSteel *es un producto de seda de alta fuerza creado insertando los genes de la araña que hace la seda dentro del genoma del huevo de una cabra antes de fertilizar. De esta forma, la cabra transgénica produce leche con un contenido de proteína que produce la seda. La fibra artificialmente creada con esta proteína de seda tiene varios usos, tal como la construcción de* **chalecos contra-balas** *que son fuertes y ligeros. Otras aplicaciones industriales incluyen componentes de automóviles y aviones, como chalecos y máscaras fuertes que protegen contra amenazas químicas como el* **gas sarín** *(un agente que daña nervios).*

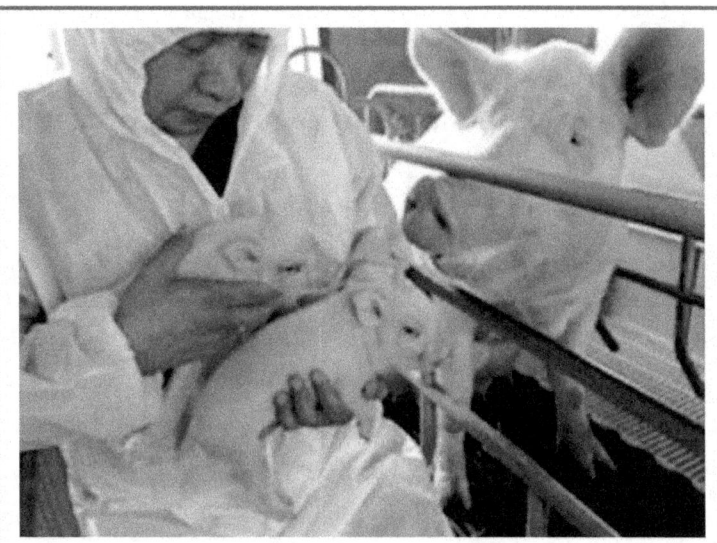

Figura 1. Puercos y otros animales pudieran convertirse en fuentes de órganos para trasplantar a humanos. [5]

Las combinaciones de genética y transgénicas representan un número de **soluciones a la escasez de órganos** *para los humanos:*

- *Xenotransplantación*, o el trasplante de tejidos vivos de una especie a otra, es visto como una solución para aliviar la escasez de corazones y riñones humanos. Los **puercos** tienen una fisiología parecida a la de los humanos, lo que hace de los órganos del puerco candidatos para el trasplante a los humanos. Investigadores también exploran el uso de terapias de trasplante de células para pacientes con heridas en el cordón de la columna o con **la enfermedad de Parkinson**.

- *La manipulación genética de "**células raíz**" ("stem cells") ahora incluye el crecimiento de tejidos en andamios, impresoras de 3-dimensiones, que pueden ser utilizadas como piel temporal para curar quemaduras. La **ingeniería de tejidos** es hoy día una alternativa en el reemplazo de cartílago, válvulas de corazón, y otros órganos.*

- *Compañías comerciales están desarrollando **proteínas terapéuticas** de la leche de animales transgénicos, como vacas, cabras, Conejos, y ratones, para administrar medicinas en casos de artritis de reumatoide, cáncer, y otros desordenes auto-inmunes.*

Cuestiones Éticas:

Las bio-tecnologias transgénicas presentan una larga banda de posibilidades, desde alimentación a la prevención de enfermedades; **estas promesas, sin embargo, no están libres de peligros**:

Intereses Sociales:

- Si la mezcla de AND de humanos y animales llegan a proveer ventajas en los humanos y en animales, ¿deberían estos recibir derechos y protección?

- ¿Qué controles sociales y legales deberían colocarse en este tipo de investigación?

- ¿Qué consecuencias personales, sociales, y culturales pudieran ocurrir?

- ¿Quién tendría acceso a estas nuevas tecnologías, y como la escasez de recursos –avances médicos y nuevos tratamientos – deberían ser distribuidas?

Capítulo 13: Cuestiones Éticas y Legales en la investigación del ADN

Preocupaciones Extrinsicas:

- *¿Qué riesgos de salud están asociados con productos y comidas transgénicas?*

- *¿Existen **efectos a largo plazo en el ambiente** cuando los productos transgénicos o genéticamente modificados son distribuidos en la naturaleza?*

- *¿Debería la investigación ser limitada, y de ser así, cómo deben ser diseñados esos límites? ¿Cómo serían desplegados esos límites **nacionalmente e internacionalmente**?*

Preocupaciones Intrinsicas:

- *¿Existen cuestiones fundamentales en la creación de nuevas especies?*

- *¿Son las fronteras de las especies duras, no sujetas a cambios, o deberían ser consideradas como un continuum? ¿Qué consecuencias existen al enturbiar esas fronteras?*

- *¿Son los transgénicos más aptos a sufrir que los organismos tradicionales?*

- *¿Pudieran las intervenciones transgénicas crear características físicas o de comportamiento que pudieran no ser consideradas como "humanas"?*

- *¿Qué tipo de investigación en la ingeniería genética debería ser considerado como no permisible y prohibido (ej., investigación para propósitos militares ofensivos)?*

- *¿Suponen estas intervenciones una redefinición de lo que consideramos "normal"?*[5]

Síntesis de Pensamiento y Conocimiento, con Preguntas [Return]

Como ya habremos anticipado, la **investigación genética** presenta oportunidades para tratar y curar enfermedades, pero también para mejorar las cualidades de vida, para proveer poderes de "***Superman***" como correr a gran velocidad, vivir muchos más años de lo "normal", evitar enfermedades, etc. ¿Cuáles pueden ser las cuestiones éticas y legales a las que se encontrarían las personas en nuestra sociedad? Consideremos las siguientes observaciones y preguntas:

- Las *pruebas genéticas a menores* pudieran ser consideradas, pero siempre teniendo en mente la disponibilidad de terapias, aconsejando a los padres de informar a sus hijos(as) de los resultados de las pruebas a la edad apropiada.

- El *grupo de etica (EG)* de la *National DNA Database (NDNAD)* aconseja al gobierno del Reino Unido (UK) sobre cuestiones de ética en la utilización de la National DNA Database, la cual recoge información de ADN de personas para *su estudio forense*.

- En nuestra nueva era de investigación genética, la cura de enfermedades debería ser nuestro objetivo principal; dadas las posibilidades, la *mejoría humana a través de la bio-tecnologia* debe ser monitorizada cuidadosamente y limitada al tratamiento de enfermedades, muchos expertos(as) opinan,

- Con todas la enfermedades serias y fatales en el mundo hoy día, tal como cáncer, malaria, y SIDA (*acquired immune deficiency syndrome*), debería razonarse la manera óptima de invertir capital para definir las *prioridades en el tratamiento y desarrollo de bio-tecnologias* para esas enfermedades.

Pregunta 1: Prioridad de tratamiento y habilidad financiera. A medida que la investigación del ADN continua y las nuevas bio-tecnologias aparecen, ¿debería la sociedad *planificar y formular cuestiones sobre el tratamiento de enfermedades y la habilidad económica* de personas y familias para tener acceso a tales tratamientos?

Capítulo 13: Cuestiones Éticas y Legales en la investigación del ADN

Pregunta 2: ¿Tratamiento de una enfermedad o mejoría humana con bio-tecnologias? ¿Qué **criterios** deberían ser considerados para determinar si la aplicación de un tratamiento y sus bio-teecnologias constituyen una *"cura"*, o sin van allá y representan una *"mejoría humana"*?

Pregunta 3: Globalmente, nuestras sociedades ya están bastante divididas dadas las diferentes religiones, la situación económica de cada sociedad, y la etnicidad variada. El añadir ahora la posibilidad de "mejoría humana" con bio-tecnologias pudiera aumentar esa división. ¿Cómo debería ser regulada la comunidad investigadora del ADN, digamos a través de recursos de investigación y prioridades, para prevenir la creación de una o varias *"especies humanas diferentes"*?

GLOSARIO 1: Una Lista de Preguntas de ADN

La siguiente es una lista de preguntas sobre el ADN y los capítulos de este libro donde esas preguntas aparecen. Algunas preguntas tienen sus respuestas en esos capítulos, sin embargo otras preguntas todavía no tienen sus respuestas ya que la investigación aún continúa.

Capítulo 1
1. ¿Qué es el ADN?
2. ¿Una representación de Sistemas de Ingeniería?
3. ¿Historia de la investigación del ADN?

Capítulo 2
4. ¿Cómo evolucionó nuestra especie humana?
5. ¿Cuándo y cómo evolucionó nuestro lenguaje humano?

Capítulo 3
6. ¿Cuándo y cómo evolucionó la Tierra?

Capítulo 4
7. ¿Qué es el RNA?

8. ¿Cuáles son los componentes de una célula humana?

9. ¿Cuáles son los 4 pares de BASES que constituyen nuestro ADN?

10. ¿Cuáles son los años de vida de nuestras diferentes células humanas?

11. ¿Cuáles son los "estados" de los varios componentes de una célula?

12. ¿Reciben señales y entradas los componentes de cada célula de otros componentes y, si ese es el caso, cuáles son esas entradas y señales (ej., calor, proteínas, etc.)?

13. ¿Cómo es que una célula recibe sus nutrientes (ej., calor, energía, comida, agua, etc.), y cuales componentes reciben estos nutrientes directamente?

14. ¿Cómo sabe un componente celular cuando tiene que reciclar parte de su estructura, reconstruir parte de su estructura?

15. ¿Un componente sintetiza una proteína y a continuación envía esta proteína a otro componente celular, o debe esperar hasta que recibe una señal de ese otro componente pidiendo la proteína? Estamos preguntando, entonces, si los componentes celulares actúan independientemente, o deben recibir señales para activarse.

16. ¿Cómo es el trabajo individual de una célula coordinado con el trabajo individual de unas células?

17. ¿Cuantos GENES existen en una célula humana?

Capítulo 5
1. ¿Por qué y cómo el proceso de evolución determinó que debía haber 4 pares de bases (i.e., ***Adenina (A), Citosina (C), Guanina (G), and Timina (T)***) solamente? ¿Acaso ese

GLOSARIO 1: Una Lista de Preguntas de ADN

proceso de evolución experimento anteriormente con otros números, digamos 2, 6, 8, 100, 1,000, o más?

18. ¿Por qué esos 22.000 se repiten dentro de cada una de los 3 Billones de células humanas? ¿No es ese un mecanismo falto de eficiencia? Por ejemplo, solamente un corazón en nuestros cuerpos para hacer fluir la sangre, un par de pulmones solamente, un par de ojos solamente, etc. ¿No podrían todos esos genes ser almacenados en una sola "caja", en un solo órgano, en el cuerpo humano?

19. ¿Cuánto tiempo requiere un GENE para completar su proceso de reproducción? ¿Un minuto, 5 minutos, 2 horas?

20. ¿Acaso cada gene del mismo tipo (ej., gene SLC24A4) se reproduce al mismo tiempo, con la misma frecuencia, en todas las células del cuerpo humano?

21. ¿Qué cantidad de nuestro ADN es FUNCIONAL, y que porcentaje está "ahí" pero no tiene utilidad alguna (i.e., "ADN basura")?

Capítulo 6

22. ¿En qué consiste el Proyecto Genoma Humano?

23. ¿Cuál es la función(es) de las PROTEÍNAS?

24. ¿Cuáles son los GENES asociados con una lista de enfermedades?

25. ¿Por qué un total de 23 cromosomas en los humanos? Otras especies tienen un número diferente de cromosomas. ¿Es un mayor número de genes una indicación de una mayor complejidad y funcionalidad?

26. ¿Cómo está regulada la "expresión" de los GENES?

27. ¿Cuál es la *prioridad* de las señales recibidas por los componentes de una célula? Como se muestra en la Figura 3, Capitulo 6, un total de 4 señales son recibidas, pero a cual señal la célula debe responder primero, a cual señal debe responder en segundo lugar, en tercer lugar, etc. ¿Acaso el orden de respuesta a señales afecta la funcionalidad de la célula?

28. ¿Cómo es que las proteínas impactan la funcionalidad de las células?

29. ¿Cuál es el rol/funcionalidad de las proteínas durante el proceso de señales, y cómo solicitan una respuesta bio-química? ¿Comunican una instrucción o una lista de instrucciones?

30. ¿Una vez que componente B recibe una **señal** de componente A dentro de una célula, llega a recibir este componente A una verificación de la recepción de su señal? Es decir, ¿recibe el componente A algún tipo de *"feedback"* de componente B?

Capítulo 7
31. ¿Qué quiere decir "secuenciar el ADN", y cómo se hace?

32. ¿Cuántas horas o días se requieren hoy día para obtener y documentar el GENOMA humano de una persona? ¿Cuál es su costo?

33. ¿Hasta hoy día se han hecho secuencias del ADN durante los últimos 15-20 años para localizar "variantes" en los genes, y para entender cómo se sintetizan las proteínas? Existe un tercera oportunidad, la de buscar y localizar *"el taller de ingeniería"*, *"el libro de instrucciones"* que las células utilizan durante el periodo embrionico para construir y distribuir los órganos en el cuerpo humano. ¿Es esta línea de investigación en marcha, y que resultados se han obtenido?

34. ¿Varía el porcentaje de *"ADN basura"* de un cromosoma a otro? ¿Cuál es el progreso logrado hoy día para descubrir la funcionalidad bio-química de ese "ADN basura"?

Capítulo 8
35. ¿Qué es el proceso de AUTOFAGIA?

36. ¿Cómo se realiza la reparación de daños al ADN, y con qué frecuencia se hace?

37. ¿Qué es RECICLAJE celular, y cómo se hace?

38. ¿Pueden los *defectos* en el proceso de reparación del ADN causar enfermedades?

GLOSARIO 1: Una Lista de Preguntas de ADN

39. ¿Es el daño causado por los *rayos ultravioleta (UV)* de cada día al DNA un daño temporal o permanente? ¿Es ese daño reparado por los mecanismos de la célula, o simplemente se acumulan en nuestras células y estructura de ADN?

40. ¿Cómo afecta el daño causado a genes de *un órgano* a la funcionalidad del mismo tipo de órganos en *otros órganos* en el cuerpo humano?

41. ¿Es la *biotecnología CRISPR/Cas9* es aplicada en forma de medicina a través del flujo sanguíneo a un grupo de genes en el órgano afectado solamente, o es aplicada también a todos los genes del mismo tipo en otros órganos?

42. ¿Cuánto tiempo requiere un gene para producir su propia proteína? ¿Un minuto, 5 minutos, 1 hora o mas?

Capítulo 9

43. ¿Cómo se determina el tamaño y posición de los ORGANOS en el cuerpo humano? ¿Dónde está el *"taller de ingeniería"* en el ADN que determina el tamaño y posición de los órganos?

44. ¿Existe la **INTELIGENCIA** en el ADN?

45. ¿Por qué la investigación de la actualidad se centra en las funciones de la sección del ADN que *sintetiza proteínas*? Otras funciones bio-químicas del ADN pudieran ser tan importantes o más importantes.

46. ¿Dónde en el Genoma Humano reside la "necesidad de reproducirse, de pro-crear"? ¿Está basado en el placer sexual que los mamíferos reciben, y solamente en ese placer?

47. ¿Tiene el ADN una *inteligencia*, o simplemente responde a señales *"robóticas"* dentro de la estructura del AND y del medio ambiente? Claramente, los seres humanos adquieren inteligencia (en sus varias formas) después de la fase embrionica y, entonces, ¿es la estructura del ADN meramente "robótica" o responde de forma inteligente?

Capítulo 10
48. ¿Participan los genes en la TOMA-de-DECISIONES?

49. ¿En qué forma varían las decisiones tomadas por personas con la ayuda de **modelos de MCDM** entre un conjunto de personas? Se entiende que existen diferencias en el contenido de ADN y de experiencias personales en ese conjunto de personas.

50. ¿Que sabemos sobre las variaciones de los genes involucrados en la toma-de-decisiones en las **diferentes comunidades étnicas**?

51. ¿Cuánto sabemos sobre la variedad de los genes involucrados en la toma-de-decisiones **entre hombres y mujeres**?

Chapter 11

52. ¿Qué **niveles de procesos bio-químicos** y/o factores ambientales participan para lograr variantes en los genes, y de esa forma provocar enfermedades?

53. ¿De estos 2 factores: (1) **herencia genética**, y (2) **factores ambientales** (ej., estrés, condiciones de trabajo, pobreza, etc.), cuál de ellos tiene un impacto mayor en los variantes de genes que producen enfermedades?

54. ¿Qué medios tenemos y que podemos utilizar para **medir la eficiencia** de los mecanismos de reparación de daños en el ADN?

Capítulo 12

55. ¿Qué quiere decir y significa "la vuelta atrás del **proceso de envejecimiento**"? ¿Un proceso de marcha atrás de todas las células en los órganos, o solamente una lista corta de unos genes? Un automóvil, por ejemplo, es solamente tan viable como su componente más delicado; podemos tener un automóvil con llantas/neumáticos nuevos, pero si el automóvil tiene ya 30 años ya, entonces no va a ser muy viable en la carretera.

56. El tratamiento de una enfermedad y los hábitos saludables de una vida deben ir juntos. ¿Deberían ir juntos también: (1) el control de fumar y regulación por parte del Estado, y (2) la investigación del ADN para reparar los genes asociados con el cáncer de pulmón?

GLOSARIO 1: Una Lista de Preguntas de ADN

57. ¿Se han reunido los participantes del sistema medico de un país y las organizaciones de *investigación del ADN* para acordar en una lista de prioridades de investigación? Uno de los criterios en esa lista de prioridades pudiera ser la lista de "variantes" en los genes y las enfermedades asociadas, por ejemplo.

Capítulo 13

58. Prioridad de tratamiento medido y habilidad financiera. ¿A medida que la investigación del ADN continua y las *biotecnologías* surgen, debería nuestra sociedad *planificar y afrontar* cuestiones relacionadas con el tratamiento de enfermedades y la habilidad financiera de personas y familias?

59. ¿Tratamiento de enfermedades o mejoría de la especie humana? ¿Qué *criterios* deberían aplicarse para determinar si la aplicación del tratamiento a una enfermedad y su biotecnología constituyen una "*cura*", o un paso adelante para lograr una "*mejoría humana*"?

60. Nuestras sociedades globalmente ya están bastante divididas debido a diferentes religiones, habilidad económica, y variedad étnica. El añadir la posibilidad de "*mejoría humana*" a unos pocos individuos en nuestra sociedad puede llegar a profundizar esa división. ¿Cómo debería la comunidad de investigadores del ADN regular su actividad, a través de inversiones y prioridades, para prevenir la creación de "*especies humanas diferentes*"?

Ambrose Goikoetxea, Ph.D.

GLOSARIO 2: Términos, Nombres, y Definiciones

Una Nota al Lector(a): Los contenidos textuales y gráficos de esta sección de NOTAS tienen como objetivo ayudar al lector(a) en ampliar su entendimiento de temas y definiciones presentadas en los capítulos de este libro. Las fuentes originales, ya sea en libros, artículos, e informes, así como su **URL** (*Uniform Resource Locator*, o sitio Web) en la Internet son identificadas. Este autor, sin embargo, no puede acreditar la validez o precisión de esos materiales disponibles en la Internet, en esta *"Edad de la Internet."* Por otro lado, no tendría sentido el ignorar y el no utilizar esas abundantes colecciones disponibles en la Internet, recogidas por miles de personas, desde escritores principiantes, autores publicados, e historiadores de renombre, simplemente porque esos contenidos no siempre sean "100% correctos, 100% del tiempo." Por ello, propongo, que es la responsabilidad del lector(a) el determinar si esos contenidos son útiles, precisos, validos, y suficiente para su uso personal, así como el decidir si el lector(a) deber considerar investigar y obtener materiales adicionales.

Contents:
A B C D E F G H I J K L M N
O P Q R S T U W X Y Z

A:
Adenina
Una de las cuatro bases que constituyen el ADN humano. Sus funciones incluyen la síntesis de proteínas; su forma química se complementa con las bases de **Timina** ("*thymine*") y **uracilo** ("*uracil*") en el RNA.

Alquilación ("Alkylation")
La transferencia de un grupo alkyl de una molécula a otra. El grupo alkyl puede ser transferido como un alkyl carbocación, un radical libre, o un carbene.

Amino ácido
Un compuesto orgánico que contiene ($-NH_2$). Los elementos principales de un amino acido son: carbón, hidrogeno, oxigeno, y nitrógeno. Unos 500 amino ácidos son conocidos, aunque solamente 20 de ellos aparecen en el código genético.

B: [Return]
Ninguno.

C: [Return]
Célula
Las células son los elementos básicos sobre los que se construyen todos organismos vivos. El cuerpo humano está compuesto de Trillones de células. Ellas proveen estructura al cuerpo, toman nutrientes de los varios tejidos, convierten estos nutrientes en energía, y ejecutan varias funcionalidades. Las células tienen muchos componentes, cada uno con una función diferente

Cromosoma
En el núcleo de cada célula, las moléculas de ADN son empaquetadas en estructuras de nombre cromosomas. Cada

GLOSARIO 2: Términos, Nombres, y Definiciones

cromosoma esta hecho de ADN enrollado alrededor de proteínas de nombre *histones* que proveen una estructura. Cada cromosoma está dividido en dos partes: (1) un brazo "corto", y (2) y brazo "largo". Los genes habitan dentro de ambos brazos.

Citosina ("Cytosine")
Una de las cuatro bases que constituyen el ADN y el RNA, como también lo son la *adenina, la guanina, y la timina*. En pareja con la base Watson-Crick forma tres vínculos con guanina.

D: [Return]
ADN
El ácido **d**eoxiribo-**n**ucleico, es el material heredado por los humanos, y por casi todos los otros organismos. Básicamente cada célula en nuestro cuerpo tiene el mismo contenido de ADN, localizado en el núcleo de la célula, aunque una pequeña cantidad de ADN está localizada en el componente celular de nombre mitocondria. La información a heredar se guarda en formato de código en cuatro bases químicas: *Adenina* (A), *Guanina* (G), *Timina* (T), y *Citosina* (C). El orden, o secuencia, de estas bases determina la información disponible para construir un organismo.

E: [Return]
Electroforesis ("Electrophoresis")
El movimiento de partículas dispersas en un fluido bajo la influencia de un campo electrico. Este fenómeno fue observado por primera vez por **Ferdinand Frederic Reuss**, *Moscow State University*, en 1807, quien observó que la aplicación de un campo eléctrico causa a las partículas en el agua a moverse en diferentes direcciones.

Epigenética
Este es el estudio de cambios en la expresión de genes, cambios que no causan alteraciones a la secuencia del ADN. Cambios epigeneticos ocurren naturalmente, aunque también son influenciados por factores como la edad, estado de una enfermedad, y factores ambientales (ej., calor, frio, estrés, etc.)

Eucariota ("Eukaryote")
Un organismo con células, y con núcleo dentro de cada célula. Los eucariotas pueden reproducirse sin sexo a través de la mitosis, y sexualmente a través de la meiosis y la fusión del gameto.

F: [Return]
Ninguno.

G: [Return]
Gene
Un gene es un elemento básico y funcional de la herencia entre organismos. Los genes están constituidos por ADN y contienen instrucciones para sintetizar proteínas. En los humanos los genes varían en tamaño, desde unos cientos de bases de ADN hasta 2 Millones de bases. El Proyecto Genoma Humano ha estimado que los humanos tenemos entre 20.000 y 25.000 genes en cada célula.

Expresión del Gene
El proceso mediante el cual la información en un gene es disponible ("on") o no ("off") para sintetizar proteínas. Este proceso es actuado por procesos moleculares y por factores ambientales.

Genoma
En la biología molecular moderna y en la genética el ***genoma es el material genético de un organismo.*** Consiste de ADN (o RNA in los viruses), que constituye los genes.

Guanina
Una de las bases moleculares encontradas en los ácidos nucleicos ADN y RNA; las otras tres bases siendo la adenina, citosina, y la timina (uracilo en el RNA). La guanina se empareja con la citosina.

H: [Return]
Haplotipo ("Haplotype")
Un grupo de genes heredados de un solo ancestro, padre o madre. El ADN del mitocondria pasa a lo largo de la herencia materna, durante miles de años.

GLOSARIO 2: Términos, Nombres, y Definiciones

Homínidos
Cada uno de los primates extintos o existentes hoy día, incluidas todas las especies del género *Homo* y *Australopithecus*.

Hipocampus
Un componente principal del cerebro de los humanos y otros vertebrados. Los humanos y otros mamíferos tienen 2 hipocampi, uno en cada lado del cerebro; juega un papel importante en la consolidación de información de corto-termino a largo-termino. En la enfermedad de **Alzheimer**, el hipocampo es una de las primeras regiones del cerebro en sufrir daños.

Homeostasis
Una propiedad de los organismos que consiste en su capacidad de mantener una condición interna estable, compensando los cambios en su entorno mediante el intercambio regulado de materia y energía con el exterior (metabolismo).

I: [Return] Ninguna.

J: [Return] Ninguna.

K: [Return] Ninguna.

L: [Return]
Leakey
Richard Erskine Frere Leakey (1944, Nairobi, Kenya), antropólogo de Kenia, figura política, descubridor de fósiles humanos en el África del Este y contribuidor a la historia de la evolución humana, Hijo del antropólogo Louis Leakey y de Mary Leaky; en 1967 participo en la expedición por el Rio Omo en Etiopia, descubriendo el lugar de Koobi Fora en el lago Turkana en Kenia y encontrando herramientas de la edad de piedra. Leaky y su equipo encontraron 400 fósiles de homínidos representando a 230 individuos.

Lipidos
Una forma de "grasa." Lípidos son definidos como substancias de grasa, aceite, o cera que se disuelve en alcohol pero no en agua. Contienen carbón, hidrogeno, y oxígeno, aunque contienen menos

oxigeno que los carbohidratos. Junto con los carbohidratos y las proteínas, los lípidos son los principales de plantas y células.

Liposoma
Un vesiculo esférico con dos capas de lípidos. Pueden ser preparados a partir de las membranas biológicas.

M: [Retorno]

Metabolismo
La suma de los procesos físicos y químicos de un organismo, mediante el cual su contenido es producido, mantenido, y destruido.

Mitocondria
Aunque la mayoría del ADN se encuentra dentro de los cromosomas y dentro del núcleo de las células, la mitocondria también tiene su propia ADN con 37 genes. Estructuras dentro de las células que obtienen energía de los nutrientes; el proceso utiliza oxígeno y azucares para crear adenosina trifosfato (ATP), la principal fuente de energía para la célula.

N: [Return]

Nucleótido
Moléculas orgánicas que sirven como bases de ácidos nucleicos del ADN (i.e., ácido deoxi-ribonucleico): Adenina (A), Citosina (C), Guanina (G), y Timina (T). Los elementos que les constituyen incluyen una base de nitrógeno, azúcar de carbón (ribosa o deoxiribosa), y mínimo de un grupo de fosfato.

Neurastenia
Un término usado desde 1829 para referirse a la debilidad mecánica de los nervios, caracterizado por síntomas de fatiga, ansiedad, dolor de cabeza, neuralgia, y depresión. Se decía que los Norte-Americanos eran susceptibles a esta condición, por lo que se le llamaba "***Americanitis***", como fue popularizado por *William James*.

O: [Return] None.

GLOSARIO 2: Términos, Nombres, y Definiciones

P: [Return]
Fenotipo ("Phenotype")
El conjunto de características que se pueden observar en un organismo, tal como su morfología, desarrollo, propiedades bioquímicas, y comportamiento. El resultado de la *expresión* del código genético, el *genotipo*, de un organismo, así como también el resultado de factores ambientales, y la interacción entre estas dos actividades.

Fotosíntesis
El proceso mediante el cual carbondioxide (CO_2), agua, y sales son convertidos en carbohidratos por las plantas, algas, y ciertas bacterias, utilizando energía del sol.

Polimerasa
Enzimas que sintetizan moléculas de ADN a partir de *deoxyribonucleotides*, los elementos que constituyen el ADN; estas enzimas son esenciales en la duplicación del ADN, y generalmente trabajan en pares para crear 2 tiras idénticas de ADN a partir de una molécula de ADN.

Prefrontal Córtex
En la anatomía del cerebro de mamíferos, el *prefrontal córtex (PFC)* es el córtex que cubre la parte frontal del cerebro. Esta región está involucrada en actividades cognitivas, personalidad, toma-de-decisiones, y comportamiento social.

Proteinase
Macro moléculas que consisten de una o más cadenas de amino ácidos. Desarrollan una larga lista de funciones dentro de los organismos, incluidas reacciones metabólicas, duplicación del ADN, respuestas a señales, y el transporte de moléculas.

Q: [Return] Ningana.

R: [Return]
Ribosoma
Una molécula ubicada en todas las células, y que sirve como el lugar para lograr la síntesis biológica de proteínas (*"translation"*).

Las ribosomas conectan amino ácidos en el orden especificado por las moléculas mensajeras de RNA (mRNA).

S: [Return]
Serotonina
Un neuro-transmisor, derivado del *triptofan*. Se encuentra principalmente en el conjunto gastro-intestinal, en la sangre, y en el sistema nervioso de humanos. Se le considera un contribuidor principal a un estado de felicidad y buena saludo.

Síntesis
Un proceso mediante el cual se forman substancias complejas a partir de elementos básicos.

T: [Return]
Timina
Una de las bases en el ácido nucleico del ADN; siendo las otras 3 bases la *adenina, guanina*, y la *citosina*. En el RNA, la timina es reemplazada por la base *uracilo*. Identificada por *Albrecht Kossel y Albert Neumann* en 1893, a partir de la *glándula timus* de las vacas.

Transcripción
La primera fase en el proceso de *expresión* de un gene, durante el cual un segmento de ADN se convierte en RNA con la ayuda de la enzima *polimerasa* de RNA. Durante este proceso una secuencia de ADN es leída por un polimerasa de RNA, el cual produce una tira complementaria y anti-paralela de RNA.

U: [Return] None.

W: [Return] None.
X: [Return] None.
Y: [Return] None.
Z: [Return] None.

✳✳✳

NOTAS

- Bibliografía
- Otros libros de este Autor
- Una Nota Biográfica

Una Nota al Lector(a): Los contenidos textuales y gráficos de esta sección de NOTAS tienen como objetivo ayudar al lector(a) en ampliar su entendimiento de temas y definiciones presentadas en los capítulos de este libro. Las fuentes originales, ya sea en libros, artículos, e informes, así como su **URL** (*Uniform Resource Locator*, o sitio Web) en la Internet son identificadas. Este autor, sin embargo, no puede acreditar la validez o precisión de esos materiales disponibles en la Internet, en esta *"Edad de la Internet."* Por otro lado, no tendría sentido el ignorar y el no utilizar esas abundantes colecciones disponibles en la Internet, recogidas por miles de personas, desde escritores principiantes, autores publicados, e historiadores de renombre, simplemente porque esos contenidos no siempre sean "100% correctos, 100% del tiempo." Por ello, propongo, que es la responsabilidad del lector(a) el determinar si esos contenidos son útiles, precisos, validos, y suficiente para su uso personal, así como el decidir si el lector(a) deber considerar investigar y obtener materiales adicionales.

Capítulo 1: Introducción a tu ADN

[1] ***Richard Dawkins,*** biólogo, escritor: Royal Institution Christmas Lecture, 'The Ultraviolet Garden', (No. 4, 1991). Quoted in Vinoth Ramachandra, Subverting Global Myths: Theology and the Public Issues Shaping our World (2008), 187.

[2] ***Craig Venter*** (Salt Lake City, 1946), "This is a life organism created by a computer", articulo en la Revista ***XL Semanal***, No. 1504, 21 Agostot 2016, España.

[3] *Johannes Friedrich Miescher* (1844-1895), descubre los ácidos nucleicos, cortesía de: https://en.wikipedia.org/wiki/Friedrich_Miescher

[4] Premio Nobel 1962 para *James Watson* and *Francis Crick*, en: https://en.wikipedia.org/wiki/Francis_Crick

[5] *Rosalind Franklin* (1920-1958), bio-química Britanica; cortesia de: https://es.wikipedia.org/wiki/Rosalind_Franklin)

[6] **Wymore, A. Wayne** (1927-2011), un gran matemático Americano, ingeniero de sistemas, profesor Emeritus del Systems and Industrial Engineering Department, University of Arizona, Tucson, Arizona, USA, y uno de los fundadores de la Ingeniería de Sistemas.

[7] **Waymore, A. Wayne**, *A Mathematical Theory of Systems Engineering: The Elements*, Book, John Wiley, New York, 1967.

[8] **Wymore, A. Wayne**, *Systems Engineering Methodology for Interdisciplinary Teams,* Book, John Wiley, New York, 1976.

[9] **Wymore, A. Wayne**, *Model-based Systems Engineering: An Introduction to the Mathematical of Discrete Systems and to the Tricotyledon Theory of System Design,* Book, CRC Press, Boca Raton, Florida, 1993.

[10] Historia de la genómica, cortesía de: http://www.yourgenome.org/facts/timeline-history-of-genomics

Capítulo 2: La Evolución Humana

[1] *Carbon-14*, ^{14}C, o *radiocarbono-14*, es un isotopo radiactivo que contiene 6 protones y 8 neutrones. Descubierto por **Martin Kamen** y Sam Ruben, University of California, Radiation Laboratory en Berkeley, USA, en 1940, se utiliza para identificar la edad geológica y arqueológica de muestras de huesos.

NOTAS

[2] ***Avram Noam Chomsky*** (1928-) es un lingüista Americano, filosofo, critico político, y activista. Profesor Emeritus del Departamento de Lenguas y Filosofía de MIT donde trabajo durante 50 años. Considerado el "padre de la lingüística" y una figura mayor en la filosofía analítica. Bien conocido por sus críticas a la política internacional de los USA y al capitalismo.

[5] "Los ancestros de los primates de hoy día fueron pequeños y comían insectos", Figura 1, Capitulo 2, cortesía de **Boyd y Silk (2003)** y su editorial.

[6] Variedad genética de los homínidos modernos, en ***Boyd and Silk*** (2003), pgs. 422-446.

[7] La garganta humana, ***Boyd and Silk*** (2003), pg. 450.

[8] El espacio abierto de Silvio ("Silvio's open space"), ***Boyd and Silk*** (2003), pg. 461.

[9] **William B. ("Will") Provine** (born c. 1942)
Un historiador especializado en teoría de la evolución. Profesor en la Cornell University. Un Ateo, rechaza toda forma de teología en la biología, y propone que "la evolución es la mayor máquina de Ateísmo."

[10] Richard Leakey, cortesía de:
http://www.britannica.com/EBchecked/topic/333898/Richard-Leakey

Capítulo 3: Orígenes de la Vida

[1] Árbol de la vida, cortesía de:
:http://en.wikipedia.org/wiki/Evolutionary_history_of_life

[2] Historia de la Vida en la Tierra, diagrama, cortesía de:
http://en.wikipedia.org/wiki/Evolutionary_history_of_life

[3] **Lewis Thomas**, Las vidas de una célula (*The Lives of a Cell: Notes of a Biology Watcher*) (1995, 1978)

[4] Yoko Ohtomo, Takeshi Kakegawa, Akizumi Ishida, Toshiro Nagase, Minik T. Rosing (8 Diciembre 2013). Evidencia de grafito biogenico ("Evidence for biogenic graphite in early

Archaean Isua metasedimentary rocks". *Nature Geoscience*. doi:10.1038/ngeo2025.) Obtenido 9 Dic 2013.

[5] Noffke, Nora; Christian, Daniel; Wacey, David; Hazen, Robert M. (8 Noviembre 2013). Estructuras sedimentarias, "Microbially Induced Sedimentary Structures Recording an Ancient Ecosystem in the ca. 3.48 Billion-Year-Old Dresser Formation, Pilbara, Western Australia". *Astrobiology (journal)*.

[6] Los fósiles más antiguos revelan evolución, "The oldest fossils reveal evolution of non-vascular plants by the middle to late Ordovician Period (~450-440 m.y.a.) on the basis of fossil spores."

[7] Mason, S.F. (1984). "*Origins of biomolecular handedness*". *Nature* **311** (5981): pages 19–23.

[8] Orgel, L.E. (Octubre 1994). El origen de la vida en la Tierra, "The origin of life on the earth" (PDF). *Scientific American* **271** (4): pages 76–83.

[9] Joyce, G.F. (2002). "*The antiquity of RNA-based evolution*". *Nature* **418** (6894): pages 214–21.

[10] Wächtershäuser, G. (Agosto 2000). Origen de la vida, "*Origin of life. Life as we don't know it*". *Science* **289** (5483): pages 1307–8.

[11] Wächtershäuser, G. (Agosto 2000). "Origin of life. Life as we don't know it". *Science* **289** (5483): pages 1307–8.

[12] Trevors, J.T. and Psenner, R. (2001). "From self-assembly of life to present-day bacteria: a possible role for nanocells". *FEMS Microbiol. Rev.* **25** (5): pages 573–82.

[13] Jokela, J. (2001). "Sex: Advantage". *Encyclopedia of Life Sciences*. John Wiley & Sons, Ltd

[14] Otto, S. P., and Gerstein, A. C. (2006). ¿Por qué el sexo? "Why have sex? The population genetics of sex and recombination". *Biochemical Society Transactions* **34** (Pt 4): pages 519–522.

NOTAS

[15] Nakagaki, T., Yamada, H. and Tóth, Á. (Sept 2000). "Intelligence: Maze-solving by an amoeboid organism". *Nature* **407**.

[16] Bengtson, S. (2004). *Early skeletal fossils* (PDF). In Lipps, J.H., y Waggoner, B.M. "Neoproterozoic - Cambrian Biological Revolutions". *Paleontological Society Papers* **10**. pp. 67–78.

[17] Clack, J. A. (Noviembre 2005). "Getting a Leg Up on Land". *Scientific American.*

[18] Historia de la evolucion de la vida, History on the evolution of life, en: http://en.wikipedia.org/wiki/Evolutionary_history_of_life

[19] Brunet, M., Guy, F., Pilbeam, D., Mackaye, H. T. et al. (Julio 2002). "A new hominid from the Upper Miocene of Chad, Central Africa". *Nature* **418** (6894): pages 145–151.

[20] Benton, M. J. (2004). "6. Reptiles Of The Triassic". *Vertebrate Palaeontology* (3rd ed.). Blackwell. ISBN 978-0-632-05637-8.

[21] MacLeod, N. (2001). "Extinction!"

Capítulo 4: Componentes Básicos de una Célula

[1] Componentes de una celula humana, cortesia de: https://en.wikipedia.org/wiki/organelle.

[2] Descripción, componentes de una celula, cortesia de: https://en.wikipedia.org/wiki/cell_(biology)

[5] *"Cada cuanto tiempo se re-emplazan las diferentes celulas del cuerpo humano,* cortesía de: http://book.bionumbers.org/how-quickly-do-different-cells-in-the-body-replace-themselves/

Capítulo 5: Duplicacion de la Vida, DNA

[1] **Rosalind Elsie Franklin** (25 Julio 1920 – 16 Abril 1958) fue una boticaria Inglesa, X-rayos cristalógrafa, quien hizo contribuciones al conocimiento de la estructura ADN (deoxyribonucleic acid), RNA, viruses, carbón, y grafito. Sus

contribuciones al descubrimiento de la "doble hélice" han sido subestimadas.

[2] **James Dewey Watson**, (1928-) es un biólogo molecular Norte-Americano, genetista, y zoologista, mejor conocido como co-descubridor del ADN en 1953 con Francis Crick. Watson, Crick, y Maurice Wilkins recibieron el Premio Nobel en Fisiología y Medicina en 1962, en: http://en.wikipedia.org/wiki/James_Watson

[3] **Francis Harry Compton Crick** (1916 – 2004), fue un biólogo molecular Ingles, notable por su descubrimiento de la estructura del ADN con James Watson en 1935. Él, Watson, y Maurice Wilkins recibieron el Premio Nobel de Fisiología en 1962 "por sus descubrimientos sobre la estructura molecular de ácidos nucleicos y su significado en la transferencia de información en organismos." En: http://en.wikipedia.org/wiki/Francis_Crick

[4] Reproducción imperfecta del ADN en mutaciones. Berg JM, Tymoczko JL, Stryer L, Clarke ND (2002). "Chapter 27: DNA Replication, Recombination, and Repair". *Biochemistry*. W.H. Freeman and Company. ISBN 0-7167-3051-0.

[5] Berg JM, Tymoczko JL, Stryer L, Clarke ND (2002). "Chapter 27, Section 4: DNA Replication of Both Strands Proceeds Rapidly from Specific Start Sites". *Biochemistry*. W.H. Freeman and Company. ISBN 0-7167-3051-0.

[6] Reproducción de ADN, en:
http://en.wikipedia.org/wiki/DNA_replication

[8] El proyecto Genoma humano, en:
http://en.wikipedia.org/wiki/Human_genome_project

Capítulo 6: El Proyecto Genoma Humano

[1] El Proyecto Genoma Humano, cortesía de: https://en.wikipedia.org/wiki/Human_Genome_Project

[2] Genes Humanos y su ubicación en los cromosomas, cortesía de: https://en.wikipedia.org/wiki/Lists_of_human_genes_by_chromosome

NOTAS

[3] Una representación de los 23 cromosomas en el genoma humano, cortesia de: https://en.wikipedia.org/wiki/Chromosome_2_(human)

[4] Serotonin Transportador, cortesía de: https://en.wikipedia.org/wiki/Serotonin_transporter

Capítulo 7: Leyendo Secuencias del ADN

[1] Herramientas de secuencia de ADN (*"Training on STR Typing using commercial kits and ABI 310/3"*), de Margaret C. Kline, Janette W. Redman, y John M. Buttler.

[2] Sistema combinado de ADN ("Combined DNA Index System, *CODIS*), cortesía de: https://en.wikipedia.org/wiki/Combined_DNA_Index_System

[3] American Civil Liberties Union (*ACLU*), cortesía de: https://en.wikipedia.org/wiki/Nonprofit_organization

Capítulo 8: Reparación de ADN

[1] "Conversaciones con Jennifer Duadna", cortesía de: http://blogs.plos.org/dnascience/2015/12/03/a-conversation-with-crispr-cas9-inventors-charpentier-and-doudna/

[2] "CRISPR, la bio-tecnologia, cortesía de: http://sitn.hms.harvard.edu/flash/2014/crispr-a-game-changing-genetic-engineering-technique/

[3] "*A CRISPR/Cas9 guide aid*", cortesía de: https://www.addgene.org/crispr/guide/#overview

[4] "*Reparacion de ADN*", cortesía de: https://en.wikipedia.org/wiki/DNA_repair

[5] Premio Nobel 2015 de Química, "*DNA Repair, providing chemical stability for life*", en: http://www.nobelprize.org/nobel_prizes/chemistry/laureates/2015/popular-chemistryprize2015.pdf

[6] "Mecanismos de Autofagia" ("*Basics of autophagy and mitophagy: Mechanisms*"), por Jianhua Zhang, en:

http://www.sciencedirect.com/science/article/pii/S221323171500004X

Capítulo 9: ¿Mucha ADN, pero poco Conocimiento?

[1] "ADN Basura" ("*The Case for Junk DNA*") de Alexander F. Palazzo y T. Ryan Gregory, cortesia de:
https://www.ncbi.nlm.nih.gov/pmc/articles/PMC4014423/

[2] "ADN Basura" ("Is Most of Our DNA Garbage?") de Carl Zimmer, March 5, 2015, cortesia de:
http://www.nytimes.com/2015/03/08/magazine/is-most-of-our-dna-garbage.html?smid=tw-nytmag&_r=1

[3] Embríos Humanos (*"An integrative transcriptomic atlas of organogenesis in human embryos"*), de Dave T. Gerrard et al., *eLife*, en: https://elifesciences.org/content/5/e15657

[4] Control de la expresión de los Genes ("*Control of Gene Expression*"), cortesía de:
http://www.garlandscience.com/res/pdf/9780815341291_ch08.pdf

[5] Base-de-datos de ADN ("*NCI creates Gene Expression database of normal human organ tissue*"), 8 Marzo 2005, Science News, en:
https://www.sciencedaily.com/releases/2005/03/050307100118.htm

[6] Componentes del Corazon ("Basic components of a human heart"), cortesía de: https://en.wikipedia.org/wiki/Heart

[7] ADN que no sintetiza proteinas ("Noncoding DNA"), cortesía de:
https://en.wikipedia.org/wiki/Noncoding_DNA#Junk_DNA

Capítulo 10: ADN y la Toma de Decisiones

[1] Genes que influencian la toma de decisions ("*Genes influence economic decision-making*"), UCL estudio, 5 Mayo 2009; cortesía de:
https://www.ucl.ac.uk/news/news-articles/0905/09050505

NOTAS

[2] Genes y Finanzas ("*Your Genes May Affect Your Financial Decisions*"), Marzo 4, 2013, por Paul Gabrielsen; cortesía de: https://www.gsb.stanford.edu/insights/your-genes-may-affect-your-financial-decisions

[3] Genes y Riesgo ("*The Role of Genes in Risky Decision Making*"), de Qinghua, et. al., cortesía de: https://www.gsb.stanford.edu/insights/your-genes-may-affect-your-financial-decisions

[4] Genes y libertad de accion ("*Decision Making: Biology, Free-Will and Accountability*"), cortesía de: http://www.psychologyinaction.org/2011/11/27/decision-making-biology-free-will-and-accountability/

[5] International Society on Multiple Criteria Decision Making (*MCDM*), in: https://en.wikipedia.org/wiki/Multiple-criteria_decision_analysis , y https://en.wikipedia.org/wiki/International_Society_on_Multi-criteria_Decision_Making

[6] **Dr. Lucien Duckstein**. Nacido en Francia, de adolescente internado en un campo de concentración Nazi. Profesor Emeritus del Departamento de Ingenieria de Sistemas, y Departamento de Hidrologia y Recursos de Agua, University of Arizona, Tucson, Arizona, USA. Contribuyó en gran medida a modelos de toma de decisiones y a la teoria de "Fuzzy Sets." Director de la tesis doctoral de este autor, Ambrose Goikoetxea (1977). Ver biografia en: http://www.history-of-hydrology.net/mediawiki/index.php?title=Duckstein,_Lucien

[7] *Goicoechea (Goikoetxea), Ambrose (1942-), Multiobjective Decision Analysis with Engineering and Business Applications,* libro, 519 pages, con co-autores Don R. Hansen, y Lucien Duckstein, John Wiley and Sons Publishers, 1982.

Capítulo 11: Genes, Personalidad, y Enfermedades

[1] Genes asociados con la *Depresion* ("Genes to cognition, DNA Learning Center") cortesía de: https://www.dnalc.org/view/1464-Candidate-Genes-for-Depression.html

[2] Genes asociados con la *Ansiedad*, cortesía de: https://www.researchgate.net/publication/265476243_THE_IDENTIFICATION_OF_NOVEL_SUSCEPTIBILITY_GENES_INVOLVED_IN_ANXIETY_DISORDERS

[3] Genes y *Crimenes Violentos* (*"Two genes linked with violent crime"*), por Melissa Hogenboom, *Science* reporter, 28 Oct 2014, cortesía de: http://www.bbc.com/news/science-environment-29760212

[4] Identificacion de Genes (*"Identification of Disease Genes"*), de *Comparative Genomics*, por Medha Bhagwat, cortesía de: https://www.ncbi.nlm.nih.gov/bo oks/NBK1735/

[5] Gene *IGF-1*, cortesía de: https://en.wikipedia.org/wiki/Insulin-like_growth_factor_1

[6] Genes IGF-1 y MSTN, en *American Scientific*, cortesía de: https://www.scientificamerican.com/article/muscles-genes-cheats-2012-olympics-london/

[7] Genes y la *Inteligencia* (*"Smart genes prove elusive"*), de Nature International Weekly Journal of Science, cortesía de: http://www.nature.com/news/smart-genes-prove-elusive-1.15858

[8] Genes y la *Inteligencia* (*"Intelligence genes discovered by scientists"*), por Sarah Knapton, cortesía de: http://www.telegraph.co.uk/news/science/science-news/12061787/Intelligence-genes-discovered-by-scientists.html

[9] Evolucioin de Genes (*"Evolution of the SRGAP2 Gene is linked to Intelligence in Mammals"*), por Tiwary B.K., cortesía de: https://www.karger.com/Article/FullText/443947

NOTAS

[10] Genes y *Garrapatas* ("*Lyme disease and Gene Signatures*"), por Francis Collins, en: https://directorsblog.nih.gov/2016/02/23/lyme-disease-gene-signatures-may-catch-the-infection-sooner-2/

[11] Alzheimer, cortesía de: https://en.wikipedia.org/wiki/Alzheimer%27s_disease#Genetics

[12] Alergias, cortesía de: https://en.wikipedia.org/wiki/Allergy

[13] Genes y Alergias, cortesia de: http://sciencenordic.com/%E2%80%99allergy-genes%E2%80%99-identified

[14] Glandula *Tiroides* (*Thyroid gland*), cortesía de: https://www.verywell.com/thyroid-4014636

Capítulo 12: Fronteras en la Investigacion del ADN

[1] Fronteras en la Genetica ("*MicroRNAs in lung cancer research*"), por Petra Leidinger, Andreas Keller, y Eckart Meese, en: http://journal.frontiersin.org/article/10.3389/fgene.2011.00104/full

[2] Genes y la Edad ("*Scientists discover key driver of human aging*"), Salk Institute, La Jolla, California, USA, en: http://www.salk.edu/news-release/scientists-discover-key-driver-of-human-aging/

[3] La Edad es ahora reversible ("*Aging is now reversible*"), por Marisol Guisasola, Mujer Hoy, No. 926, Basque Country, Spain, 7 Enero 2017.

[4] "*Alzheimers's disease research*", por Morgan Newman, Esmaeil Ebrahimie, y Michael Lardelli, *Frontiers in Genetics*, en: http://journal.frontiersin.org/article/10.3389/fgene.2014.00189/full

[5] Diabetes Tipo 2 (*"Genes associated with risk of Type 2 Diabetes"*), by S. Rich, M. Norris, y J. Rotter, American Diabetes Association, en: http://diabetes.diabetesjournals.org/content/57/11/2915.full

[6] Genetica Molecular (*"Learning from Molecular Genetics"*), por Mark McCarthy y Andrew T. Hattersley, *American Diabetes Association*, Enero 2017 issue, en: http://diabetes.diabetesjournals.org/content/57/11/2889

[7] Investigacion Genetica (*"Advancing the frontiers of DNA Repair"*), por Martin Ballaschk, 28 Sept 2016, MDC for Molecular Medicine, en: https://insights.mdc-berlin.de/en/2016/09/advancing-the-frontiers-of-dna-repair-together/

[8] Ciencia Forense (*"The future of forensic DNA analysis"*), por John M. Butler, *The Royal Society*, 22 Junio 2015, en: http://rstb.royalsocietypublishing.org/content/370/1674/20140252#sec-11

[9] Tiroiditis (*"Hashimoto thyroiditis"*, Genetics Home Reference, cortesía de: https://ghr.nlm.nih.gov/condition/hashimoto-thyroiditis

[10] *"New genetic insights about the Autoimmune Thyroid Disease"*, por T.F. Davies, R. Latif, y Xiaoming Yin, Journal of Thyroid Research, Volume 2012, en: https://www.hindawi.com/journals/jtr/2012/623852/

[11] Cancer de la Piel (Melanoma skin cancer), cortesia de: https://en.wikipedia.org/wiki/Melanoma#Genetics

Capítulo 13: Cuestiones Éticas y Legales en la Investigación del ADN

[1] Pediatría (*"Pediatric Genetic Testing"*), cortesía de: https://en.wikipedia.org/wiki/Genetic_testing#Ethics

[2] Grupo de la Ética (*"2015 Annual Report of the Ethics Group: National DNA Database"*), en:

NOTAS

https://www.gov.uk/government/uploads/system/uploads/attachment_data/file/568554/Annual_Report_of_the_Ethics_Group_2015.pdf

[3] Manipulacion de Genes (*"**Ethics of manipulating Genes**"*), *Nova*, 17 April 2001, en: http://www.pbs.org/wgbh/nova/body/ethics-of-manipulating-genes.html

[4] Patentes (*"**Ethics and Gene Patenting**"*), por Miriam Schulman, *Markkula Center for Applied Ethics*, Enero 2003, in: https://www.scu.edu/ethics/focus-areas/bioethics/resources/ethics-and-gene-patenting/

[5] Mejoría Humana (*"**Ethics of Human Enhancement**"*), por Fritz Allhoff et al., US National Science Foundation (NSF), 31 Agosto 2009, en: http://ethics.calpoly.edu/NSF_report.pdf

Ambrose Goikoetxea, Ph.D.

NOTAS

Otros Libros de este Autor [Return]

Una lista parcial:

(1) *Book: Speak Up! A Practical Guide to Modern English* (20 Secrets to successful pronunciation and communication in English), 239 pages, Euskal Herria 21st Century publisher, Arrasate, Basque Country, February 2013. Available in www.amazon.com

(2) *Book: Enterprise Architectures and Digital Administration: Planning, Design, and Assessment (Arquitecturas Empresariales y Administracion Digital: Planificacion, Diseño, y Asesoría)*, World Scientific Press, New York, 565 pages, Abril 2007 (See book promotion: http://www.worldscibooks.com/business/6239.html).

(3) *Book: Euskal Herria Estado-Nación en el Siglo 21: Una Nueva Arquitectura Socio-Política*, Editorial Euskal Herria 21st Century, 487 páginas, Febrero 2008 (See book promotion by distributor www.elkar.es)

(4) *Libro: Cuando los Mundos Paralelos Co-existían*, **libro 1** de la novela-trilogía *Mujeres, la Nuevas Arquitectas de la Sociedad,* examina los roles de la mujer a través de la historia en dar forma y sustancia al Estado, la Iglesia, y la sociedad en general. Desde sus persecuciones como "brujas" hasta sus roles como líderes en los sectores privado y público de los tiempos modernos. Editorial Euskal Herria 21st Century, ISBN 978 846 147 5544, Febrero 2011.

(5) *Libro: Los Zapatos Rojos del Papa,* **libro 2** de la novela-trilogía *Mujeres, la Nuevas Arquitectas de la Sociedad,* examina el trafico de influencia politica, riquezas, poder, y control de la Iglesia Católica, dentro de un entorno del *conflicto socio-político del País Vasco* hoy día. Editorial Euskal Herria 21st Century, ISBN 978-84-614-7551-3, Febrero 2012.

(6) *"La Brujas de Zugarramurdi: El Musical"* (en Ingles, Euskera, y Castellano), 4 actos, 20 escenas, 45 canciones, 55 paginas, Editorial Euskal Herria 21st Century, Arrasate, Gipuzkoa, Basque Country, 2012.

(7) *Article: "Findings of a Basque-American in Euskal Herria Today: Betrayal, Reality, and the Winds of Change",* published in the *Journal of the Society of Basque Studies in America,* Vol. XXVIII, pages 42-64, 2008.

(8) *Brujas y Brujos que no existieron: Auto de Fe de 1610 en Logroño* (con Aloña Altuna), 48 paginas, en revista **AUNIA**, No. 32, 2011.

Todos estos libros y artículos están disponibles en la INTERNET, en www.amazon.com. En este sitio Web simplemente escribir el nombre del autor o del libro de interés y aparece ese libro o articulo. Varios capítulos se pueden leer gratis. Compra de libros en ese lugar de Internet también a precios muy razonables.

Para más información, por favor contactar al autor en e-mail:
agoikoetxea1@telefonica.net

Mila esker!
Gracias!
Thank you!

Una Nota Biográfica del Autor [Return]
Author

Ambrose Goikoetxea Martínez, Ph.D. (Biasteri-Laguardia, Alava, Basque Country, 1952-)

Este autor, Ambrose Goikoetxea Martínez (1952-), es originalmente de **Biasteri-Laguardia**, Alava, País Vasco, aunque ha vivido casi toda su vida personal y profesional en varias ciudades y estados de los **EE.UU.**, integrado en la **Diáspora Vasca** de ese gran país, su segundo país y casa. De familia de carpinteros por parte del padre (los *Goikoetxeas*), y de agricultores, monjas y monjes por parte de la madre (los *Martinez*), Alaveses todos(as). Después de la Guerra Civil, a la edad de 4 años, emigra a **México** con sus padres y un hermano donde viven durante cinco años; regresa al País Vasco, ingresa en el "internado" del **Colegio de Escolapios de Logroño** durante tres años formativos y a continuación, a la edad de 13 años, emigra a los

EE.UU. donde la familia se va incorporando a una larga lista de comunidades Euskaldunas y Españolas durante los próximos 40 años en California, Arizona, Nevada, Virginia, y Washington, D.C. Ejerce como profesor en varias universidades y como ingeniero en varias corporaciones en los Estados Unidos hasta 2004 cuando regresa al País Vasco y La Rioja, esta vez para aplicar sus conocimientos y experiencia a necesidades en entornos sociales y políticos en la sociedad Vasca. Actualmente un hermano suyo es doctor de medicina en San Diego, una hermana es profesora de Inglés y trabajadora social en Simi Valley, California, un hijo es investigador de SIDA y miembro de una corporación de servicios médicos en San Diego, California, y un segundo hijo es diseñador de software y arquitecto de sistemas informáticos en Boston, Massachusetts, EE.UU..

Fundador y Director (a tiempo parcial) de la *Fundación Euskal Herria Siglo 21* con base en Laguardia (Alava), y representación en Arrasate-Mondragon (Gipuzkoa), País Vasco, y Boston, Massachusetts, EE.UU. desde Febrero de 2007, una organización que trabaja con ciudadanos y ciudadanas en la tarea de reconstruir la fibra social y política en el País Vasco y en España hacia la promoción de un marco de derechos de la mujer, procesos democráticos, y bienestar social, económico, y cultural comunes; proyectos de cooperación con los Eusko Etxeak de New York, Boise (Idaho), México D.F., y Argentina.

Fundador y Co-Director (con Aloña Altuna) de la nueva *Editorial Euskal Herria Siglo 21* en 2007, con base en Laguardia-Biasteri, Alava, País Vasco. Autor de cinco libros de ingeniería, más de 35 artículos técnicos, y 8 libros de ciencia socio-política; estos libros están siendo usados en departamentos de ingeniería, economía, e informática en 20-25 universidades en Europa, Latino América, y China.

En Febrero 2004 se integró al Departamento de Informática, *Universidad de Mondragón* (MU), Arrasate-Mondragon, Gipuzkoa, donde enseñó cursos de ingeniería del software, diseño con procesos y herramientas UML (Unified Modeling Language) y arquitecturas empresariales de la información, así como de la administración digital. Como Coordinador/Director del proyecto *e-Democracia*, su equipo en MU prestó apoyo técnico a miembros del Parlamento Vasco que lideraban este proyecto para lograr una encuesta e información sobre el uso de las tecnologías de la información y comunicación (TICs) en los 74 parlamentos y regiones con capacidad legislativa en la Unión Europea (UE). Organizador y Program Co-Chair del congreso internacional *International Association for Development of the Information Society* (IADIS, ver página Web www.iadis.org/ac2006, y www.iadis.org/wbc2006) desde Mondragon Unibersitatea en colaboración con la

Nota Biográfica de este Autor

Universidade Aberta de Portugal, 25-28 Febrero 2006, en Donostia-San Sebastián, País Vasco con la participación de 250-300 personas de más de 25 países, siendo ese el primer congreso internacional co-organizado desde Mondragón Unibersitatea.

De 1999 a 2004 ocupó la posición de Ingeniero Principal de Sistemas de Información en el *Software Engineering Center* de la empresa *MITRE* en Reston, Virginia, USA, contribuyendo en el diseño de arquitecturas de informática y bases de datos para la modernización del *Internal Revenue Service (IRS),* Defense Message System (DMS), y el Global Combat Support System (GCSS). De 1997 a Abril de 1999 ejerció la posición de Jefe de Sección de simulación y diseño de sistemas en el Global Transportación Network (GTN) en la compañía Lockheed Martin en Manassas, Virginia. Anteriormente, ofició como Presidente y Director Técnico de *Integrated Technologies and Research (iTR)*, 1995-1997, contribuyendo al diseño de sistemas de decisión (DSS) para el *U.S. Army Corps of Engineers* y otras agencias en el Departamento de Defensa. Profesor Asociado en el Departamento de Sistemas de Ingeniería e Informática, *George Mason University*, así como NASA-ASEE Research Fellow, 1985-1999; diseño de sistemas de decisión para proyectos del Goddard Space Flight Center, NASA; 1979 NASA-ASEE Research Fellow, Jet Propulsion Laboratory del *California Institute of Technology (Cal-Tech)*; evaluación y selección de plantas solares, y sistemas urbanos de transporte.

Organizó y dirigió la IX-a Conferencia Internacional de Decisión y Evaluación Multicriterio (*MCDM*) en Fairfax, Virginia, Agosto 5-8, 1990 con 160 ponencias por personas de 38 países. Desde 1990 al presente, el Dr. Goikoetxea es Profesor Asociado en la Escuela de Ingeniería así como en la Escuela de Negocios y Administración de *George Washington University*, Washington D.C., USA. Co-organizador de la serie de conferencias "Arquitecturas de Información y Gerencia en Sistemas de Larga Escala en el Gobierno y la Industria" en la compañía MITRE en 2003.

Miembro de *Iniciativa Atea*, una organización laica internacional sin ánimo de lucro con base en Iruña-Pamplona, País Vasco, que contribuye pensamiento e iniciativas culturales alternas y de apoyo a la ciudadanía. Voluntario en **_Green Peace_** en temas de protección ambiental, en organizaciones de promoción de **_derechos humanos de la mujer_**, disfruta de ciclismo y del arte de la cocina (estudiante), vive en Arrasate-Mondragon, Gipuzkoa, con su mujer **_Aloña_**, haciendo estancias frecuentes a Laguardia-Biasteri, Alava, Boston, Massachusetts, y San Diego, California, EE.UU. para visitar a familia y amigos.

✻✻✻

Nota Biográfica de este Autor

Index

A [Return]
AAP, pg. 222,
ACLU, pg. 119
ACMG, PG. 222
ADN basura, pg. 144
Alergias, pg. 186
Amygdala, pg. 168
Ansiedad, pg. 180
Apoptosis, pg. 125
Atapuerca Museo, pg. 28
Autismo, pg. 182
Auto-duplicación, pg. 53
Autofagia, pg. 129
Alzheimer, enfermedad pg. 183, 204

B [Return]
Basques, pg. 37
Behavior, and genes, pg. 171
Biological functions, pg. 148
Bipolar, personalidad, pg. 173

C [Return]
Cancer, 124, 196, 197, 200
Células, componentes, pg. 62
Células, ciclo de vida, pg. 67
Cell signaling, pg. 102
Centrosoma, pg. 67
Cerebro humano, pg. 157
Criterios múltiples, pg. 162
Cromosoma 1, pg. 92
Cromosoma 2, pg. 95
Cromosoma 17. Pg. 98
Chomsky, Noam, pg. 41
CODIS, pg. 118
Codon, pg. 80
Controversy, pg. 118

Corazon humano, pg. 155
Crick, Francis, pg. 18
Crimenes violentos, pg. 181
CRISPR, tecnología, pg. 134
CRISPR/Cas9, pg. 136
Cytoskeleton, pg, 61
Citosol, pg. 66

D [Return]
Daños al ADN, pg. 123
Database, DNA, pg. 211
Decision making, pg. 101, 164
Depresión, pg. 175
Derechos humanos, pg. 244
Diabetes type 2, pg. 206
Dignidad, pg. 234
Discriminación, pg. 231
Diversidad en el planeta, pg. 45
DNA damage, pg. 123, 126
DNA repair, pg. 122, 124, 208
DNA sequence types, pg. 146

E [Return]
Edad, pg. 202
Electrophoresis, gel, pg. 110
Environmental factors, pg. 167
Esquizofrenia, pg. 184
Ética grupo, pg. 225
Ethics Group, National Database, pg. 223
Eucariotas, pg. 56
Evolution, time scale, pg. 32

Evolución de las especies, pg. 38
Evolución de la vida, pg. 49
Evolución de la reproducción sexual, pg. 54
Expresión de genes, pg. 152
Extinciones masivas, pg. 57

F [Return]
Financial decisions, pg. 165
Fingerprint, DNA, pg. 116
Forense, Ciencia, pg. 114, 211
Franklin, Rosalind, pg. 18

G [Return]
Garrapata (Lyme), enfermedad, pg. 185
Genes, expresión, pg. 152
Genes, decision making, pg. 167
Genes, identificación, pg. 190
Genes, una lista, pg. 92
Genetic engineering, pg. 131
Genética, pruebas, pg. 224
Genoma Humano, pg. 90
Genes, manipulación, pg. 227
Gene patenting, pg. 233
Golgi apparatus, pg. 65
Government intervention, pg. 242

H [Return]
Hansen, Don, pg. 161
Historia de la investigación del ADN, pg. 24
Hominids, pg. 29
Homo Ergaster, pg. 29
Homo Erectus, pg. 29
Homo Sapiens Sapiens, pg. 31
Humanos, pg. 57

Human enhancement, pg. 239

I [Return]
Identifying genes, pg. 186
Ingeniería de sistemas, pg. 20, 69
Ingeniería Genética, pg. 132
Instrucciones del ADN, pg. 155
Inteligencia, pg. 177
Introns, pg. 146

J [Return]
Junk DNA, pg.142

K [Return]
Kossel, Albrecht, pg. 22

L [Return]
Lenguaje, su evolución, pg. 44
Leaky, pg. 42
Learning and memory, pg. 174
Lyme disease, pg. 185
Lysosoma, pg. 67

M [Return]
MCDM, pg. 162
Mechanisms, DNA repair, pg. 124
- Chemical, pg. 124
- Single strand, pg. 124

Mejoría humana, pg. 240
Melanoma cáncer, pg. 217
Membranas, pg. 54
Memoria, pg. 176
Metabolismo, pg., 53
microRNA, pg. 201
Miescher, Friedrich, pg. 18
Mitocondria, pg. 65

Multi-celulares, organismos, pg. 55
Multiple-criteria, pg. 160
Muscular, desarrollo, pg. 184
Mutaciones, genes, pg. 182

N [Return]
NAS, pg. 176
NCBI Center, pg. 186
Neanderthals, pg. 27
Neurosciences, pg. 163
NIH, pg. 153
Noncoding DNA, pg. 145
Nucleolus, pg. 59
Nucleotide variation, pg. 190
Nucleus, pg. 64

O [Return]
Organ size, pg. 153
Orígenes de la vida en la Tierra, pg. 50

P [Return]
Paleontology, pg. 39
Patentado, genes, pg. 235
Personality traits, pg. 172
Piel, cancer, pg. 216
Pikaia, pg. 32
Polymerase chain reaction (PCR), pg. 108, 115
Proteínas, una lista, pg. 102
Pseudogenes, pg. 147
Pulmón, cancer, pg. 201

Q [Return]
Q, decision space, pg. 163

R [Return]
Radiocarbon-14, pg. 27

Reparación del ADN, pg. 124, 210
Replication of DNA, pg. 50
Retículo endoplásmico, pg. 65
Ribosoma, pg. 64
Rinn, John, pg. 144
Riesgo, decisiones financieras, pg. 167, 169
Rough endoplasmic reticulum (RE), pg. 61

S [Return]
Sanger, Fred, pg. 109
Schwann, Theodor, pg. 58
Schizophrenia, pg. 184
Secuencias, ADN, pg. 109, 111
Self-replication of a cell, pg. 50
Sexual, deseo, pg. 179
Sexual reproduction, pg. 52
Señales, células, pg. 103
Sickle cell anemia, pg. 191
Smooth endoplasmic reticulum (SE), pg. 61
Stem cells, pg. 252
Systems Engineering, pg. 20, 18, 66
Switches, DNA, pg. 143, 149

T [Return]
Technology, sequencing, pg. 113
Telomeres, pg. 148
Throughput methods, pg. 110
Tiroides, pg. 188
Tiroiditis, pg. 215
Tiempo, escala, pg. 35

Transport, intercellular, pg. 103
Transgenicos, pg. 246

U [Return]
Universal health care, pg. 231

V [Return]
Vacuola, pg. 66
Venter, Craig, pg. 89
Vertebrados, pg., 56
Vesícula, pg. 64
Violentos, crímenes, pg. 180

W [Return]
Watson, James, pg. 18
Wymore, Wayne, pg. 18

X [Return]
Xenotransplantation, pg. 252

Y [Return]
Y-Cromosoma, pg. 225

Z [Return]
Zionts, Stanley, pg. 161

***